**2010 版**

# Excel
## 表格制作与数据处理高手秘笈

博智书苑 编著

**238 招**

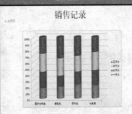

销售记录

**DVD-ROM**

本书配套多形式、多功能、超长播放高清多媒体教学光盘，精心录制了与学习内容紧密对应的同步视频、开阔眼大量精美的设计素材，是绝对超值的学习智囊。

北京日报出版社

## 图书在版编目（CIP）数据

Excel 表格制作与数据处理高手秘笈 238 招 / 博智书苑编著. -- 北京：北京日报出版社，2016.6（2017.10 重印）

ISBN 978-7-5477-2046-2

Ⅰ. ①E… Ⅱ. ①博… Ⅲ. ①表处理软件 Ⅳ. ① TP391.13

中国版本图书馆 CIP 数据核字(2016)第 058079 号

**Excel 表格制作与数据处理高手秘笈 238 招**

**出版发行：** 北京日报出版社

**地　　址：** 北京市东城区东单三条 8-16 号东方广场东配楼四层

**邮　　编：** 100005

**电　　话：** 发行部：（010）65255876

　　　　　　总编室：（010）65252135

**印　　刷：** 北京云浩印刷有限责任公司

**经　　销：** 各地新华书店

**版　　次：** 2016 年 6 月第 1 版

　　　　　　2017 年 10 月第 2 次印刷

**开　　本：** 787 毫米×1092 毫米　1/16

**印　　张：** 17

**字　　数：** 280 千字

**定　　价：** 48.00 元（随书赠送光盘一张）

# 内 容 提 要

　　本书用专业实例引导读者深入学习，深入浅出地讲解了使用Excel 2010进行表格制作与数据处理的操作方法与专业技巧等知识，主要内容包括Excel 2010入门秘笈，Excel工作簿操作秘笈，数据输入和编辑秘笈，数据分析与处理秘笈，Excel公式与函数使用秘笈，Excel图形和图表操作秘笈，Excel安全设置与内容保护秘笈，Excel协作与共享秘笈，VBA与宏应用秘笈，以及Excel打印与输出秘笈等。

　　无论是Excel初学者还是经常使用Excel的行家，本书都可以成为您活学活用Excel的绝佳参考用书，能解决您在使用Excel过程中遇到的各种疑问，让您成为Excel表格制作与数据处理高手。

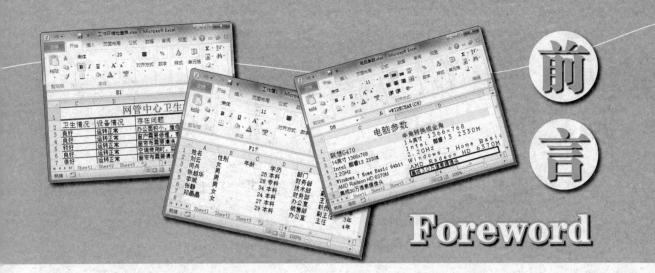

前言 Foreword

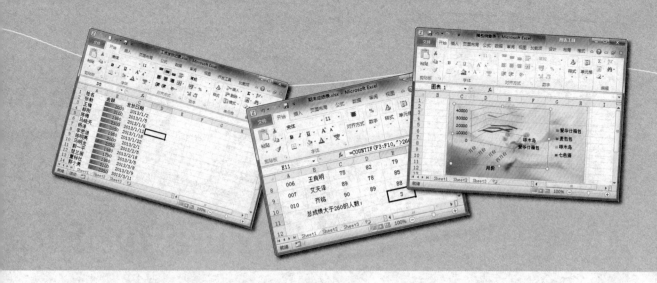

✤ 配套的视频讲解：本书配套的多媒体光盘中，赠送了与本书学习内容紧密对应的同步视频资料和大量设计素材，进行立体化教学，全方位指导。

✤ 精美的排版印刷：本书采用全彩印刷，双栏排版，图文对应，标注清晰，整齐美观，便于读者查看和学习。

## 光盘说明

本书随书赠送一张 360 分钟超长播放的多媒体 DVD 视听教学光盘，由专业人员精心录制了本书所有操作实例的实际操作视频，并伴有清晰的语音讲解，读者可以边学边练，即学即会。

光盘中还提供了全书各个实例涉及的所有素材和效果文件，方便读者上机练习实践，从而达到举一反三、融会贯通的学习效果。

此外，本书光盘还特别赠送了"电脑新课堂"系列中《新手学 Word/Excel 文秘与行政应用宝典》和《新手学 Excel 完全掌握宝典》的所有光盘资料，等于一盘三用，物超所值。

## 适用读者

本书实例精美、内容丰富、特色鲜明、通俗易懂，无论是 Excel 初学者还是经常使用 Excel 的行家，本书都可以成为您活学活用 Excel 的绝佳参考用书，能解决您在使用 Excel 过程中遇到的各种疑问，让您成为 Excel 表格制作与数据处理高手。

## 售后服务

如果读者在使用本书的过程中遇到问题或者有好的意见或建议，可以通过发送电子邮件（E-mail：zhuoyue@china-ebooks.com）或者通过网站：http://www.china-ebooks.com 联系我们，我们将及时予以回复，并尽最大努力提供学习上的指导与帮助。

希望本书能对广大读者朋友提高学习和工作效率有所帮助，由于编者水平有限，书中可能存在不足之处，欢迎读者朋友提出宝贵意见，我们将加以改进，在此深表谢意！

编 者

目录 Contents

## 第1章 Excel 2010 入门秘笈

001 在桌面上添加Excel快捷方式图标..... 2
002 获取Excel帮助.................................. 3
003 启动Excel时自动打开指定工作簿..... 4
004 检查工作簿是否有版本兼容性.......... 5
005 将工作簿保存为97-2003版本.......... 6
006 套用Excel版式................................. 6
007 添加快速访问工具栏命令................. 8
008 删除快速访问工具栏命令................. 9
009 调整快速访问工具栏中按钮位置.... 10
010 使用键盘操作Excel......................... 11
011 隐藏和显示Excel功能区 ................. 12
012 显示或隐藏填充柄........................... 13
013 更改默认的文件保存格式............... 14
014 更改界面默认字体与字号............... 15
015 更改Excel界面配色方案................. 16

## 第2章 Excel 工作簿操作秘笈

016 更改Excel默认工作表数................. 18
017 更改最近使用的工作簿个数........... 19
018 设置自动保存时间间隔................... 19
019 以只读或副本方式打开工作簿........ 20
020 给工作簿添加摘要信息................... 21
021 将Excel工作簿保存为PDF文件 ..... 23
022 修复受损的Excel文件..................... 24
023 同步滚动并排查看两个工作簿........ 26
024 创建新的选项卡.............................. 27
025 在多个Excel工作簿中快速切换...... 28
026 将Word中的表格导入Excel中 ........ 29
027 移动或复制工作表........................... 30
028 快速移动或复制工作表................... 31
029 插入工作表..................................... 31
030 重命名工作表.................................. 33
031 隐藏与显示工作表........................... 33
032 更改工作表标签颜色....................... 34
033 隐藏与显示垂直/水平滚动条.......... 36
034 向下拖动工作表一直显示首行........ 37
035 拖动工作表一直显示前几行与列.... 37
036 隐藏工作表中的网格线................... 38
037 为工作表添加背景........................... 40

038 套用预设表格样式................41
039 将工作表拆分成多个窗格.........41
040 为单元格或单元格区域命名......43
041 为单元格添加屏幕提示信息.......44
042 隐藏工作表中的部分内容.........45
043 查找和替换单元格格式..........46

044 使用"信息检索"功能.............48
045 进行拼写和语法检查.............49
046 自动更正拼写...................50
047 添加单词......................51
048 为奇偶行设置不同格式...........52
049 快速撤销多步操作...............53

## 第3章　数据输入和编辑秘笈

050 输入以0开头的数值..............55
051 将数字自动转换为中文大写.......55
052 输入分数......................57
053 正确输入邮政编码...............57
054 输入等差序列...................58
055 自定义填充序列.................59
056 快速输入当前时间...............61
057 输入指定范围内的数值...........61
058 输入重复值时自动弹出提示.......63
059 设置在规定的区域内只能输入数字...64
060 将数值自动转换为百分比.........65
061 自动输入小数点.................66
062 创建输入项下拉列表.............66
063 绘制斜线表头...................67
064 自动转换表格行与列.............69

065 将半角字符转换为全角字符.......70
066 为文字添加拼音注释.............71
067 取消Excel的记忆式键入功能......72
068 改变单元格内文本的方向.........72
069 用数据条长短来表现数值的大小...73
070 同时查看相距较远的两列数据.....74
071 强制单元格中的内容换行.........74
072 使单元格内容显示完整...........75
073 将单元格内容分为两列...........76
074 为单元格添加批注...............77
075 更改批注名称...................77
076 设置批注格式...................78
077 自动为电话号码添加"-"..........80
078 插入符号或特殊字符.............81
079 定位最后一个单元格.............82

## 第4章　数据分析与处理秘笈

080 突显指定单元格的内容...........84
081 突显指定范围内的数据...........85
082 突显重复值.....................86
083 突显一周以内的日期数据.........87
084 突出显示数值最小的10%项........88
085 突显高于或低于平均值的数据.....88
086 使用数据条快速分析数据.........90
087 更改条件格式规则...............91
088 删除条件格式规则...............92

089 降序排列单元格数据.............93
090 按拼音首字母排序...............94
091 按字段进行筛选.................94
092 按多个关键字进行排序...........96
093 筛选数据中的最大值.............96
094 高级筛选的应用.................97
095 按字段分类汇总.................98
096 复制分类汇总结果..............100
097 替换和删除当前分类汇总........100

098 分级组合数据.................102
099 创建数据透视表.............103
100 更改数据透视表布局.....104
101 添加切片器.................105
102 使用切片器筛选数据.....106

103 取消数据透视表中总计的显示......107
104 创建数据透视图.............108
105 筛选数据透视图中的数据.....109
106 美化数据透视图.............109
107 更改数据透视图布局.....112

## 第5章　Excel 公式与函数使用秘笈

108 填充复制公式.................114
109 隐藏公式.................115
110 只显示公式不显示结果.....116
111 单元格的引用.............116
112 切换引用方式.............118
113 追踪公式引用关系.........118
114 检查公式错误.............120
115 合并单元格内容.........121
116 嵌套函数的应用.........122
117 使用函数查找最值.....122
118 SUMIF函数的应用.....124
119 COUNTIF函数的应用.....125
120 RANK.AVG函数的应用.....126
121 使用SUBTOTAL函数汇总筛选后
　　数值.................127
122 从字符串开头或结尾提取字符.....129
123 计算两个日期间的天数.....131
124 汇总舍去小数后数值.....132

125 将数值转换为日期.........133
126 使用INT函数计算某日属于
　　第几季度.................133
127 计算并自动更新当前日期和
　　时间.................134
128 使用LOOKUP函数将数据分为
　　更多级别.................135
129 使用MID函数推算生肖.....136
130 根据身份证号码判断性别.....136
131 从身份证号码中提取生日.....137
132 输入一维数组.............138
133 输入二维数组.............139
134 使用数组公式进行多项求和.....140
135 使用数组公式计算乘积.....140
136 使用数组公式进行快速运算.....141
137 数组间的运算.............141
138 单元格区域转置.........143
139 计算数组矩阵的逆矩阵.....144

## 第6章　Excel 图形和图表操作秘笈

140 插入和编辑图形.........146
141 流程图的绘制和美化.....146
142 多个图形对象的组合.....148
143 对图形中的文字进行分栏.....149
144 为图形填充颜色或背景.....150
145 更改图形轮廓颜色和粗细.....151
146 为图形添加三维效果.....152

147 在Excel中插入图片或截屏.....152
148 删除图片背景.............154
149 调整图片锐化和柔化效果.....155
150 对Excel中的图片进行压缩.....156
151 插入剪贴画.................157
152 在图片上添加文字.....157
153 裁剪图片的形状.........159

154　快速创建图表......................159
155　为图表添加坐标轴标题...............160
156　为不相邻的数据区域创建图表.....161
157　为图表添加三维效果...............162
158　为图表添加数据标签...............162
159　为图表添加网格线.................163
160　使图表不受单元格行高列宽
　　　影响.............................164

161　为图表添加图片背景...............165
162　将图表转换为图片.................166
163　移动或复制图表到其他工作表...166
164　为图表添加趋势线.................168
165　为纵坐标轴数值添加单位...........169
166　反转纵坐标轴使图表倒立...........170
167　创建迷你图.......................171
168　设置迷你图样式...................172

## 第7章　Excel 安全设置与内容保护秘笈

169　保护视图打开不安全文档..........174
170　禁止显示安全警告信息............174
171　设置外部数据安全选项............175
172　将Excel文档保存在信任区域.......175
173　对工作簿链接进行安全设置........176
174　设置ActiveX安全选项.............177
175　设置宏安全性....................177
176　设置在线搜索家长控制............178
177　设置工作簿密码..................179

178　隐藏行或列......................180
179　隐藏工作表......................181
180　隐藏工作簿......................181
181　设置工作表密码..................183
182　限定工作表可用操作..............184
183　允许用户编辑指定区域............185
184　保护工作簿的结构................186
185　保护共享网络文件夹..............188
186　添加数字签名....................189

## 第8章　Excel 协作与共享秘笈

187　共享文件夹......................192
188　共享工作簿......................193
189　打开共享工作簿..................194
190　添加修订信息....................194
191　接受或拒绝修订..................196
192　查看修订记录....................198
193　添加比较合并工具................199
194　比较合并工作簿..................199

195　登录SkyDrive....................200
196　创建文件夹......................201
197　上载文件........................202
198　在网络上创建空白工作簿..........203
199　在Excel中打开SkyDrive中的
　　　工作簿..........................204
200　将工作簿保存到Web...............205

## 第9章　VBA 与宏应用秘笈

201　设置VBA工作环境.................207

202　选择性地隐藏行..................207

203 获取工作表名称..................210
204 使用VBA属性窗口隐藏工作表.....211
205 在Excel中播放音乐文件..........211
206 条形码的设计和制作..............213
207 组合框的制作....................215
208 数值调节钮的制作................216
209 使用VBA创建宏..................218
210 在快速访问工具栏中添加宏按钮...219
211 录制宏..........................220

212 指定宏..........................221
213 编辑宏..........................222
214 调试宏..........................223
215 使用宏代码对工作表实施保护.....225
216 在宏中添加数字签名.............227
217 导入/导出宏....................228
218 禁止其他用户编辑宏代码.........229
219 更改宏的安全设置...............230

## 第 10 章　Excel 打印与输出秘笈

220 设置草稿和单色方式打印..........232
221 设置打印页面....................232
222 设置打印网格线..................234
223 设置打印行号与列标..............235
224 打印部分工作表..................236
225 打印批注........................236
226 添加打印日期....................238
227 使用页眉页脚添加Logo ..........239
228 使用艺术字添加水印效果..........241
229 套用内置的页眉/页脚样式.........243

230 缩放打印工作表..................244
231 在指定位置分页打印..............244
232 打印指定区域....................245
233 打印不连续的行或列..............246
234 每页都打印出标题行和标题列......246
235 设置打印图表....................248
236 在页眉页脚中添加文件路径........250
237 将Excel图表输出到Word中........251
238 将Excel表格输出到Word中........253

精彩无限，从这里开始……

# 第1章

# Excel 2010入门秘笈

本章介绍了 Excel 入门的基本操作，其中包括创建快捷方式图标、获取 Excel 帮助、显示隐藏功能区、更改字体与字号等。通过这些基本的操作使初学者能够快速掌握入门技巧，为进一步学习 Excel 奠定基础。

视频文件：光盘：视频文件/第1章/在桌面上添加Excel快捷方式图标.swf

# 001 在桌面上添加Excel快捷方式图标

难度系数：

学习时间：
6分钟

**要点导航：**

　　每次启动 Excel 时都在"开始"菜单中查找，这样比较麻烦，也比较费时。如果在桌面上添加 Excel 的快捷方式图标，启动程序时直接双击打开就简单、快捷多了。

**01** 单击"开始"按钮，展开"所有程序"| Microsoft Office 选项。

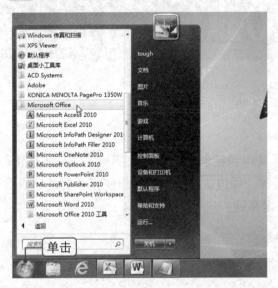

**02** 右击 Microsoft Excel 2010 选项，选择"发送到"|"桌面快捷方式"命令。

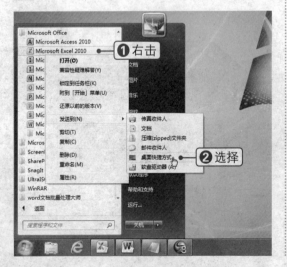

**03** 这时，在电脑桌面上即可看到 Microsoft Excel 2010 程序的快捷方式图标。

**04** 拖动 Excel 2010 快捷方式图标到任务栏，可以将其锁定到任务栏上，单击该图标即可启动程序。

# 002

**难度系数：**
●●●●●

**学习时间：**
6分钟

视频文件：光盘：视频文件/第1章/获取Excel帮助.swf

# 获取Excel帮助

**要点导航：**

　　如果在使用 Excel 的过程中遇到困难，可以通过 Excel 的帮助功能来进行解决。用户可以根据分类进行查找，也可以通过搜索关键词查找解决方法。

**01** 启动 Excel 2010，单击窗口右上方的"帮助"按钮 ❔ 或按【F1】键。

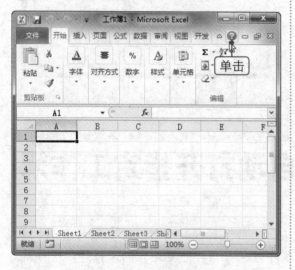

**02** 打开"Excel 帮助"窗口，单击"查看全部"超链接。

**03** 单击要查看的类别超链接，在此单击"函数参考"超链接。

**04** 在类别超链接下单击相关主题超链接，在此单击"Excel 函数（按类别列出）"超链接。

**05** 打开相应的帮助页面,查看该主题的详细内容。

**06** 也可以在上方的搜索框中输入要查询的关键字,然后单击"搜索"按钮来获取帮助。

🎬 视频文件:光盘:视频文件/第1章/启动Excel时自动打开指定工作簿.swf

## 003

难度系数:
●●○○○

学习时间:
8分钟

# 启动Excel时自动打开指定工作簿

**要点导航:**

有的用户每天会对同样的 Excel 工作簿进行操作,如果对 Excel 进行设置,使其在启动 Excel 程序时就自动打开要处理的工作簿,这样就会提高工作效率。

**01** 启动 Excel 2010,选择"文件"选项卡,单击"选项"按钮。

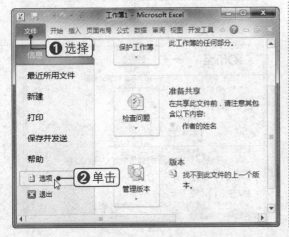

**02** 弹出"Excel 选项"对话框,在左侧选择"高级"选项,在"常规"选项区中找到"启动时打开此目录中的所有文件"文本框。

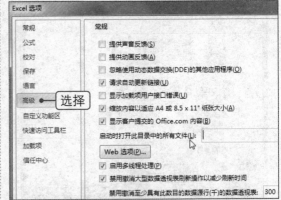

**03** 在文本框中输入需要自动打开的工作簿路径。在此输入"E:\ 素材文件 \ 工作环境检查表"。

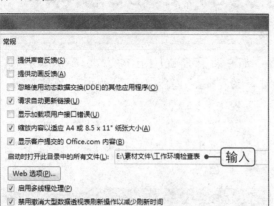

**04** 单击"确定"按钮，即可完成启动Excel自动打开指定工作簿设置。

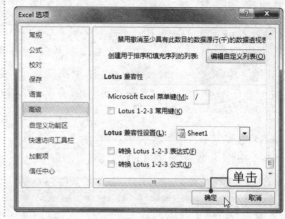

视频文件：光盘：视频文件/第1章/检查工作簿是否有版本兼容性.swf

# 检查工作簿是否有版本兼容性

**难度系数：**
● ● ● ● ●

**学习时间：**
8分钟

**要点导航：**

兼容性检查器可以扫描工作簿，以确定是否存在 Excel 早期版本不支持的问题。兼容性检查器还可以帮助用户创建列出所有不兼容问题的报告，并且允许用户禁用该功能。

**01** 启动 Excel 2010，选择"文件"选项卡，在左侧选择"信息"选项，在右侧单击"检查问题"按钮，选择"检查兼容性"选项。

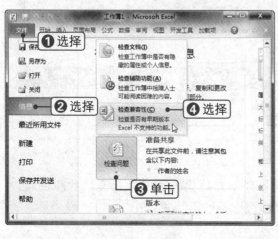

**02** 在弹出的对话框中显示工作簿中存在的版本兼容问题。

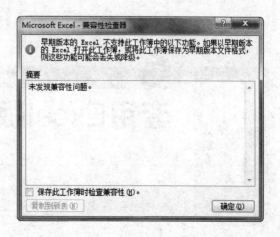

素材文件：工作环境检查表.xlsx

 视频文件：将工作簿保存为97-2003版本.swf

# 005

难度系数：
●●○○○

学习时间：
6分钟

## 将工作簿保存为97-2003版本

**要点导航：**

在实际工作中并非所有用户都安装了 Excel 2010 版本，而低版本的 Excel 又不能打开高版本的文件，为了避免因版本不同造成的不便，可以将 Excel 文件保存为 97-2003 版本。

**01** 选择"文件"选项卡，单击"另存为"按钮，或直接按【F12】键。

**02** 选择保存位置，设置保存类型为"Excel 97-2003 工作簿"，输入文件名。

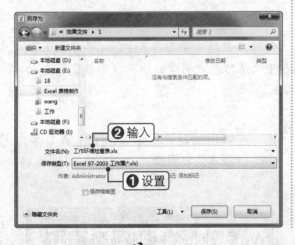

**03** 单击"另存为"对话框右下方的"保存"按钮。

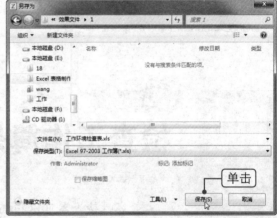

**04** 打开文件保存位置，查看保存的文件，该文件为 97-2003 版本。

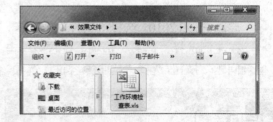

视频文件：光盘：视频文件/第1章/套用Excel版式.swf

# 006

难度系数：
●●○○○

学习时间：
8分钟

## 套用Excel版式

**要点导航：**

在创建 Excel 表格时，如果有合适的模板可以直接套用模板创建，这样也会减少因创建和设置文档而造成的工作量。

**01** 启动 Excel 2010,选择"文件"选项卡,选择"新建"选项。

**02** 单击"可用模板"区域中的"样本模板"按钮。

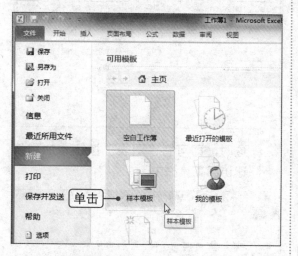

**03** 选择需要的模板,如选择"个人月预算"模板,单击右侧的"创建"按钮。

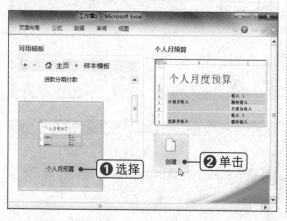

**04** 自动打开此模板文件,查看创建的模板效果。

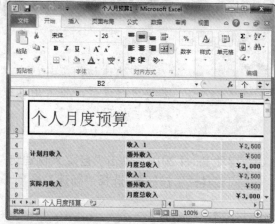

**05** 还可在"Office.com 模板"中单击需要的模板类型,如"会议议程"。

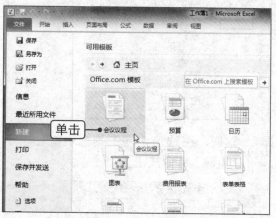

**06** 选择需要的模板,单击右侧的"下载"按钮,下载完毕后将自动打开模板。

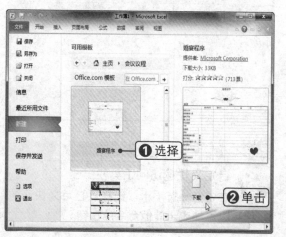

**007**

视频文件：光盘：视频文件/第1章/添加快速访问工具栏命令.swf

# 添加快速访问工具栏命令

难度系数：

学习时间：
8分钟

**要点导航：**

　　在快速访问工具栏中只显示几个默认的功能按钮，可以根据自己的需要进行设置，将常用的命令添加到快速访问工具栏中，下次使用时直接单击使用即可。

**01** 启动 Excel 2010，单击"自定义快速访问工具栏"按钮，选择"新建"选项。

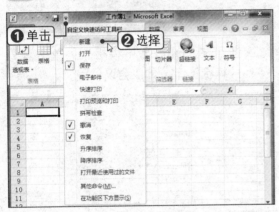

**02** 这时，在快速访问工具栏中就会显示"新建"命令按钮。

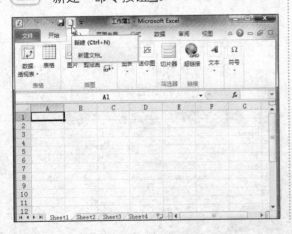

**03** 切换到"插入"选项卡，右击"图表"按钮，选择"添加到快速访问工具栏"命令。

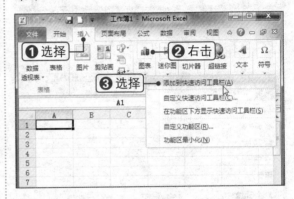

**04** 这时，即可将"图表"按钮添加到快速访问工具栏中。

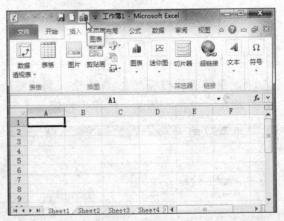

---

**专家指点**

**自定义快速访问工具栏**

　　右击任一选项卡，选择"自定义快速访问工具栏"按钮，在弹出的"Excel 选项"对话框中可以添加表示其他命令的按钮。

# 008

难度系数：
●●●●●

学习时间：
8分钟

视频文件：光盘：视频文件/第1章/删除快速访问工具栏命令.swf

# 删除快速访问工具栏命令

**要点导航：**

对于快速访问工具栏中不常用的命令按钮，可以将其删除，同时还可以根据自己的需要自定义快速访问工具栏。

**01** 右击"图表"按钮，选择"从快速访问工具栏删除"命令。

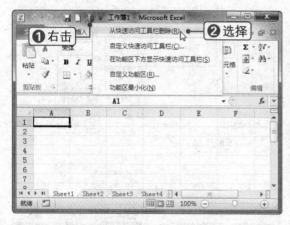

**02** 查看工作簿，"图表"按钮已从快速访问工具栏删除。

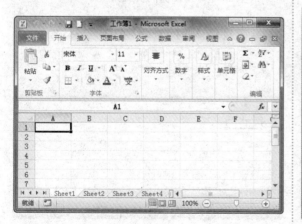

**03** 单击"自定义快速访问工具栏"按钮，选择"其他命令"选项。

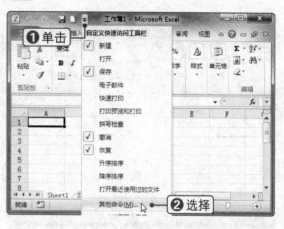

**04** 弹出"Excel 选项"对话框，可以根据需要自定义快速访问工具栏。

---

## 专家指点

**移动快速访问工具栏（1）**

快速访问工具栏是一个可自定义的工具栏，它包含一组独立于当前所显示选项卡的命令。单击"自定义快速访问工具栏"按钮，选择"在功能区下方显示"选项，即可改变其位置。

# 009 调整快速访问工具栏中按钮位置

难度系数：●●○○○

学习时间：8分钟

**要点导航：**

　　快速访问工具栏中的按钮使用频率各不相同，用户可以根据自己的需要将经常使用的命令按钮移动到前面。

**01** 启动 Excel 2010，查看快速访问工具栏中各命令的排放位置。

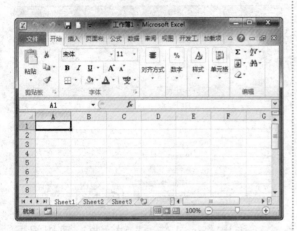

**02** 选择"文件"选项卡，在左侧单击"选项"按钮。

**03** 弹出"Excel 选项"对话框，选择"快速访问工具栏"选项，选择"新建"选项，单击"上移"按钮，单击"确定"按钮。

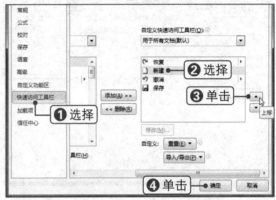

**04** 查看进行移动操作后快速访问工具栏中命令按钮的排放位置。

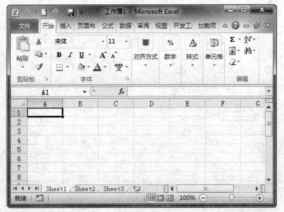

## 专家指点

**移动快速访问工具栏（2）**

　　在"Excel 选项"对话框左侧选择"快速访问工具栏"选项，在右侧选中"在功能区下方显示快速访问工具栏"复选框，即可移动快速访问工具栏。

# 010

**难度系数：**
●●●○○

**学习时间：**
10分钟

素材文件：工作环境检查表.xlsx

视频文件：使用键盘操作Excel.swf

# 使用键盘操作Excel

**要点导航：**

在编辑数据时，往往会结合鼠标和键盘一起使用，这样需要不断地切换鼠标和键盘，而许多 Excel 高手只使用键盘就可以灵活操作，大大提高了工作效率。

**01** 在打开的工作簿中按【Alt】键，切换到键盘操作状态，功能区中出现提示字母。

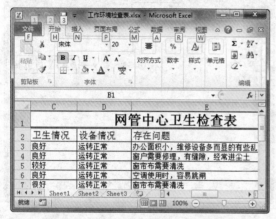

**02** 根据字母提示进行操作。例如，按【H】键，即可切换到"开始"选项卡。

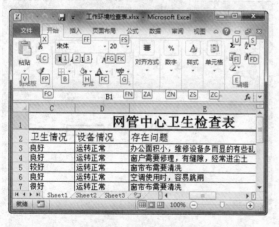

**03** 依次按【F】、【C】键，设置字体颜色，使用键盘上的方向键选择要填充的颜色。

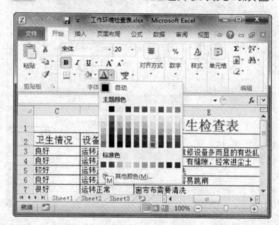

**04** 选择完毕后按【Enter】键确认，即可看到所选单元格的字体颜色已发生变化。

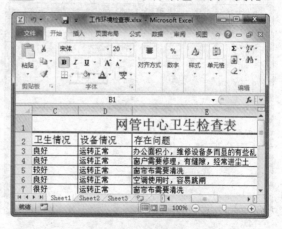

---

### 专家指点

**在工作表中使用快捷键**

移动到工作簿中下一工作表：Ctrl+PageDown；移动到下一工作簿或窗口：Ctrl+F6 或 Ctrl+Tab；移动到工作表的最后一个单元格：Ctrl+End。

# 011

难度系数：
● ● ● ● ●

学习时间：
6分钟

视频文件：光盘：视频文件/第1章/隐藏和显示Excel功能区.swf

# 隐藏和显示Excel功能区

**要点导航：**

Excel 功能区有时会占用很多的表格空间，我们可以根据实际操作时的需要隐藏或显示功能区。

**01** 启动 Excel 2010，右击功能区的任意位置，选择"功能区最小化"命令。

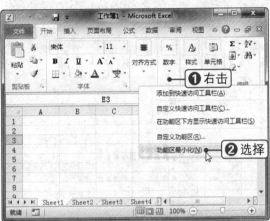

**03** 右击任一选项卡标签，在弹出的快捷菜单中取消选择"功能区最小化"命令。

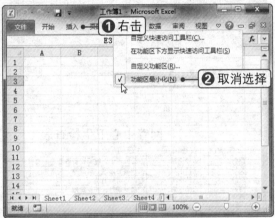

**02** 查看工作簿，功能区被隐藏。单击选项卡标签，出现该选项卡下的功能组。

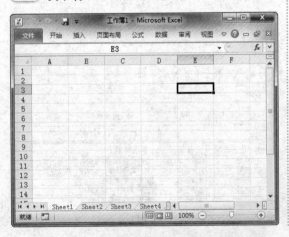

**04** 查看工作簿，功能区又在原来的位置显示出来。

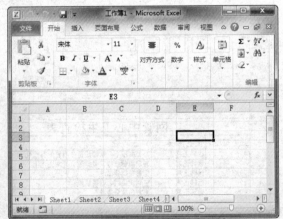

---

**专家指点**

**快速隐藏功能区**

使用快捷键也可以最小化或还原功能区：按【Ctrl+F1】组合键，功能区最小化；再次按【Ctrl+F1】组合键，即可取消最小化。

# 012

**难度系数：**

**学习时间：**
8分钟

## 显示或隐藏填充柄

**要点导航：**

在 Excel 中，我们经常会用填充柄进行填充，自动填充数据后，默认显示填充柄，通过设置可以将其显示或隐藏。

**01** 在单元格 A1 中输入数值，使用填充柄进行填充。

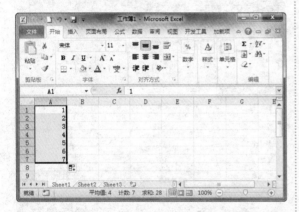

**02** 选择"文件"选项卡，在左侧单击"选项"按钮。

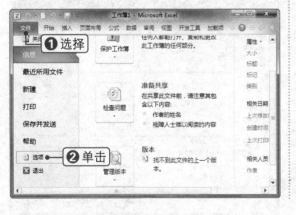

**03** 在左侧选择"高级"选项，在右侧取消选择"启用填充柄和单元格拖放功能"复选框，单击"确定"按钮。

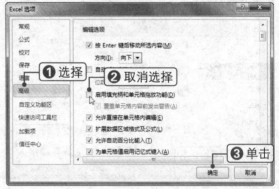

**04** 在 C1 单元格中输入数值，将鼠标指针放到单元格右下角，不再显示填充柄。

### 专家指点

**填充柄的单行多列填充**

选择区域为单行多列，如果填充方向是向左或向右，Excel 的填充方式是复制单元格；而如果是向上填充，此时的作用为清除包含在原来选择区域，而不包含在当前选择区域中的数值。

**013**

难度系数：●●○○○

学习时间：8分钟

视频文件：光盘：视频文件/第1章/更改默认的文件保存格式.swf

# 更改默认的文件保存格式

**要点导航：**

Excel 2010 默认的保存方式为"Excel 工作表"，在实际使用过程中可以根据需要将保存格式设置为常用的保存类型。

**01** 启动 Excel 2010，选择"文件"选项卡，单击"选项"按钮。

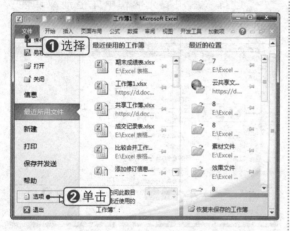

**02** 弹出"Excel 选项"对话框，在左侧选择"保存"选项，在右侧设置工作簿保存格式，单击"确定"按钮。

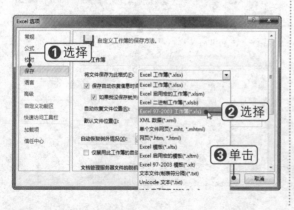

**03** 选择"文件"选项卡，单击"另存为"按钮。

**04** 弹出"另存为"对话框，查看保存类型为更改的保存格式。

**专家指点**

### Excel保存类型

在保存工作簿时，也可以在"保存类型"下拉列表中选择要保存的类型。Excel 的保存类型有很多种：Excel 启用宏的工作簿、XML 数据、网页、Excel 97-2003 工作簿等。

# 014 更改界面默认字体与字号

难度系数：●●●●●

学习时间：8分钟

**要点导航：**

Excel默认字体为宋体，默认字号为11磅，在"Excel选项"对话框中可以根据需要更改默认的字体和字号。

**01** 打开"Excel选项"对话框，在左侧选择"常规"选项，在右侧单击"使用的字体"下拉按钮，选择"黑体"选项，单击"确定"按钮。

**02** 弹出提示信息框，单击"确定"按钮，即可完成默认字体的设置。

**03** 重新启动Excel，查看"字体"组中的字体格式。

**04** 打开"Excel选项"对话框，从中可以根据需要设置字号。

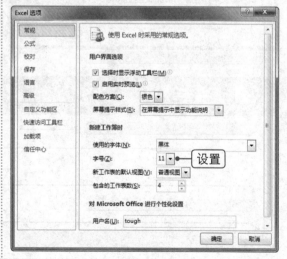

---

**专家指点**

**统一更改各表格字体与字号**

按住【Shift】键，选择第一个和最后一个工作表标签，形成"工作表组"。选择"开始"选项卡，从中选择需要的字号与字体，即可统一进行更改。

# 015 更改Excel界面配色方案

难度系数：

●●○○○

学习时间：
6分钟

**要点导航：**

Excel 2010 有 3 种不同的主题配色方案，其中默认的是蓝色方案，用户可以根据实际需要来设置 Excel 的配色方案。

**01** 打开"Excel 选项"对话框，选择"常规"选项，单击"配色方案"下拉按钮，选择"黑色"选项，单击"确定"按钮。

**02** 查看工作簿，Excel 窗口的颜色由原来的银色变成了黑色。

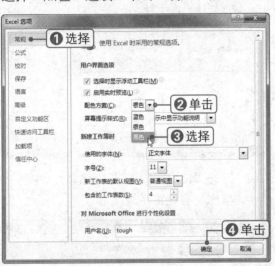

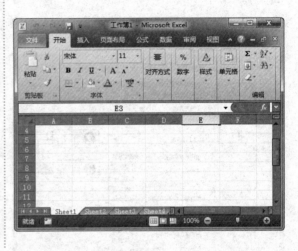

## ●读书笔记

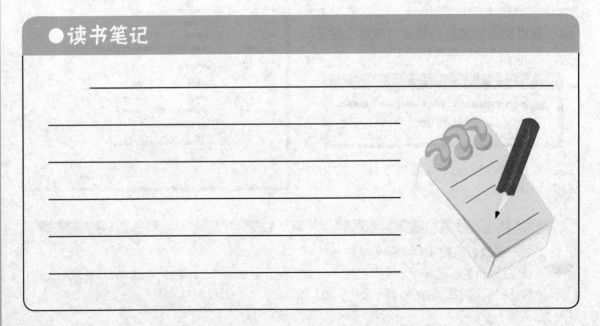

精彩无限，从这里开始……

# 第2章

# Excel工作簿操作秘笈

单元格是工作表中行列交汇处的区域，它可以保存数值、文字和声音等数据。使用 Excel 程序进行数据处理、图表制作等操作主要是在工作表中进行的，每个工作表都是由行和列组成的二维表格，多个工作表构成了工作簿。因此，掌握了 Excel 入门知识后，需要进一步了解单元格、工作表和工作簿的操作技巧。

视频文件：光盘：视频文件/第2章/更改Excel默认工作表数.swf

# 016 更改Excel默认工作表数

难度系数：

学习时间：
8分钟

**要点导航：**

Excel 工作簿默认包含 3 个空白工作表，而有的用户可能会需要更多的工作表数，这时可以通过在"Excel 选项"对话框中更改默认工作表个数来满足不同的需求。

**01** 启动 Excel 2010，通过下方的工作表标签可以查看工作表的个数。

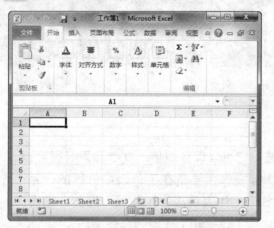

**02** 选择"文件"选项卡，在左侧单击"选项"按钮。

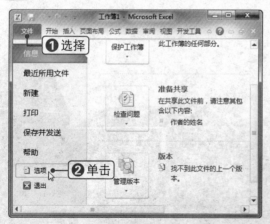

**03** 弹出"Excel 选项"对话框，在左侧选择"常规"选项，在右侧"包含的工作表数"文本框中输入要设置的个数，单击"确定"按钮。

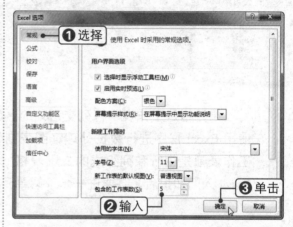

**04** 重新启动 Excel 程序，查看工作簿中包含的工作表个数。

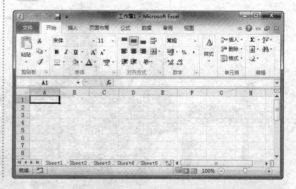

---

**专家指点**

**重命名工作表**

若要重命名工作表，可以在其标签上双击，也可右击工作表标签，选择"重命名"命令，然后输入新的名称并按【Enter】键。

# 017

视频文件：光盘：视频文件/第2章/更改最近使用的工作簿个数.swf

## 更改最近使用的工作簿个数

**难度系数：**

●○○○○

**学习时间：**
6分钟

**要点导航：**

如果想查看最近使用的工作簿，在"文件"选项卡下选择"最近所用的文件"命令就可以查看，还可以设置显示工作簿的个数。

**01** 打开"Excel 选项"对话框，在左侧选择"高级"选项，在右侧"显示此数目的'最近使用的文档'"文本框中输入个数，单击"确定"按钮。

**02** 选择"文件"选项卡，选择"最近所用文件"选项，即可查看最近使用的工作簿个数。

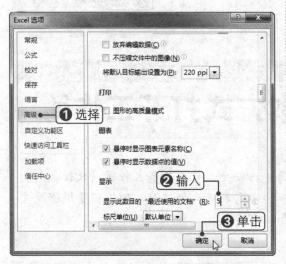

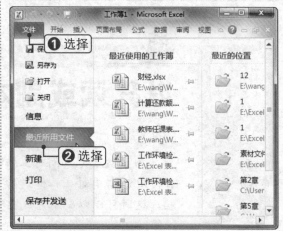

---

### 专家指点

**创建工作簿**

在 Excel 程序中按【Ctrl+N】组合键，或者在快速访问工具栏中单击"新建"按钮 ，即可新建一个空白工作簿。

# 018

素材文件：工作环境检查表.xlsx　　视频文件：设置自动保存时间间隔.swf

## 设置自动保存时间间隔

**难度系数：**

●○○○○

**学习时间：**
6分钟

**要点导航：**

设置自动保存时间间隔可以帮助我们及时的保存工作簿，减少因突发事故关闭文档而使操作无效的几率。

**01** 打开"Excel 选项"对话框，在左侧选择"保存"选项，在右侧选中"保存自动恢复信息时间间隔"复选框。

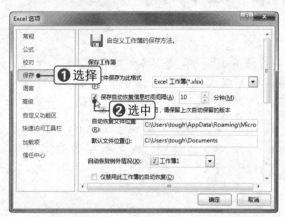

**02** 根据需要在"保存自动恢复信息时间间隔"文本框中输入时间间隔，单击"确定"按钮。

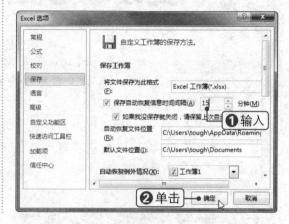

视频文件：光盘：视频文件/第2章/以只读或副本方式打开工作簿.swf

# 019

**难度系数：**
● ○ ○ ○ ○

**学习时间：**
6分钟

# 以只读或副本方式打开工作簿

**要点导航：**

为了防止无意间对工作簿进行修改，可以设置工作簿以只读状态打开。有时需要对工作簿进行一些不需要保存的改动，但仍需要保留原文档，这时可以以副本方式打开工作簿。

**01** 启动 Excel 2010，选择"文件"选项卡，单击"打开"按钮。

**02** 选择要打开的文件，单击"打开"按钮右侧的下拉按钮，选择"以只读方式打开"选项。

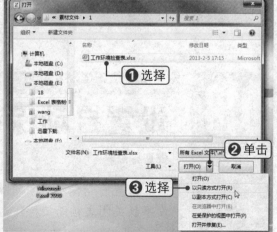

**03** 文件以"只读"方式打开，标题栏显示"只读"字样，此时文件只能查看而无法进行编辑。

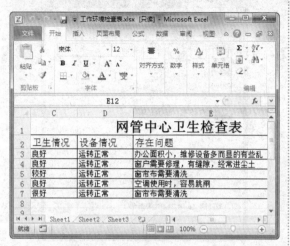

**04** 单击"打开"按钮右侧的下拉按钮，选择"以副本方式打开"选项。

① 单击

② 选择

**05** 文件以"副本"方式打开，此时文件可以进行编辑。

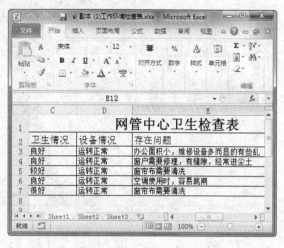

**06** 文件以副本方式打开后，会在该文件的相同位置创建一个以"副本（1）"为前缀命名的工作簿。

素材文件：公司培训名单.xlsx  视频文件：给工作簿添加摘要信息.swf

# 给工作簿添加摘要信息

难度系数：●●●●●

学习时间：8分钟

**要点导航：**

在 Excel 2010 中，用户可以为工作簿添加标题、类别及作者等摘要信息。

**01** 将鼠标指针置于工作簿文件图标上，查看工作簿摘要信息。

**02** 打开素材文件，选择"文件"选项卡，在左侧选择"信息"选项。

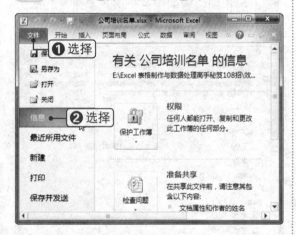

**03** 在右侧单击"属性"下拉按钮，选择"高级属性"选项。

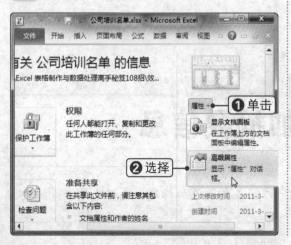

**04** 弹出文件属性对话框，选择"摘要"选项卡。

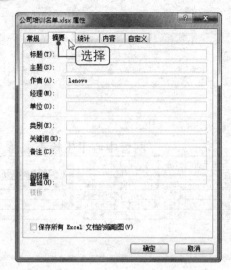

**05** 在"标题"、"主题"、"备注"等文本框中输入信息，然后单击"确定"按钮。

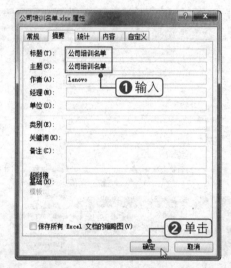

**06** 将鼠标指针置于工作簿文件图标上，查看摘要信息。

**07** 在"文件"选项卡下的"属性"选项区中，修改"标题"、"类别"等摘要信息。

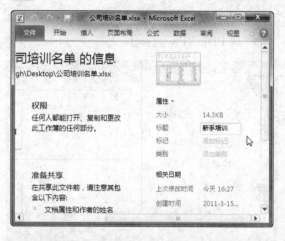

**08** 将鼠标指针置于工作簿图标上，查看更改后的摘要信息。

---

**专家指点**

**摘要信息的作用**

通过添加摘要信息，可以在不必打开工作表的情况下查看工作表的标题、作者和主题等信息。

---

素材文件：光盘：素材文件/第2章/个人信息表.xlsx

# 021

# 将Excel工作簿保存为PDF文件

**难度系数：**
●●○○○

**学习时间：**
8分钟

**要点导航：**

对于不需要再做任何更改的工作簿，可以将工作簿保存为PDF格式，以避免他人更改其中的数据。

**01** 选择"文件"选项卡，选择"另存为"选项。

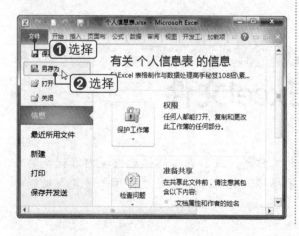

**02** 设置文件的存放位置和保存类型，单击"保存"按钮。

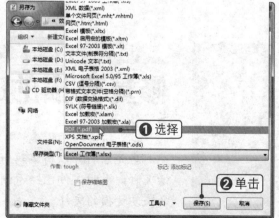

视频文件：光盘：视频文件/第2章/将Excel工作簿保存为PDF文件.swf

 打开保存位置，查看保存的 PDF 格式的文件。

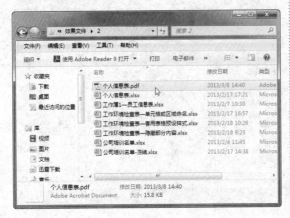

**04** 选择"文件"选项卡，在左侧选择"保存并发送"选项，在右侧选择"创建 PDF/XPS 文档"选项。

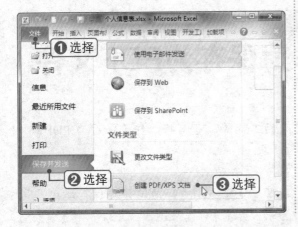

**05** 在"创建 PDF/XPS 文档"右侧单击"创建 PDF/XPS"按钮。

**06** 设置保存位置、文件名和保存类型，单击"发布"按钮。

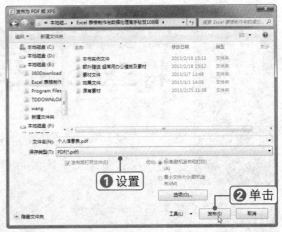

**022**

难度系数：
●●●○○

学习时间：
10分钟

素材文件：公司培训名单.xlsx　　　视频文件：修复受损的Excel文件.swf

# 修复受损的Excel文件

**要点导航：**

当无法打开以前编辑好的工作簿，或打开工作簿后出现内容错乱的情况时，说明文件已经遭到了损坏，这时可以使用"打开并修复"功能来恢复受损的文件。

Excel表格制作与数据处理高手秘笈238招

**01** 启动 Excel 2010，选择"文件"选项卡，单击"打开"按钮。

**02** 弹出"打开"对话框，选择要打开的文件。

**03** 单击"打开"下拉按钮，选择"打开并修复"选项。

**04** 弹出提示信息框，单击"修复"按钮，即可修复受损的 Excel 文件。

**05** 修复成功后弹出提示信息框，单击"关闭"按钮。

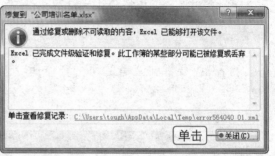

**06** 打开文件，在标题栏文件名后显示"[修复的]"字样。

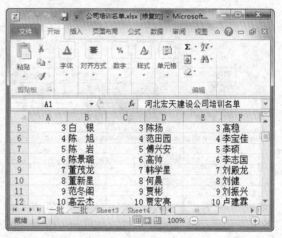

专家指点

**修复程序故障损坏的工作簿**

　　Excel 具备自动修复因程序故障受损工作簿的功能，在打开受损工作簿时，Exccl 会自动启动"文件恢复"模式，重新打开并进行修复工作。

## 023

难度系数：
●●●●●

学习时间：
10分钟

素材文件：光盘：素材文件/第2章/工作环境检查表.xlsx、副本（1）工作环境检查表.xlsx

视频文件：光盘：视频文件/第2章/同步滚动并排查看两个工作簿.swf

# 同步滚动并排查看两个工作簿

**要点导航：**

当需要同时查看两个工作簿或对两个工作簿进行比较时，需要不断地切换两个工作簿，这样就比较麻烦。这时，只需将两个工作簿设为并排查看即可。

**01** 打开需要并排查看的两个工作簿，选择"视图"选项卡。

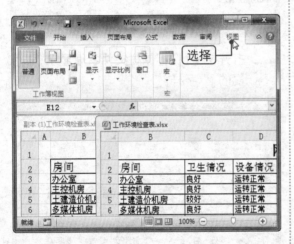

**02** 在"视图"选项卡下"窗口"组中单击"并排查看"按钮。

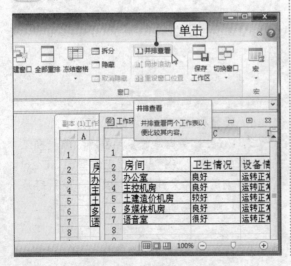

**03** 两个工作簿上下排列在窗口中，滚动鼠标滚轮时两个工作簿将同时进行滚动。

**04** 如果要取消"并排查看"或"同步滚动"功能，再次单击相应的按钮即可。

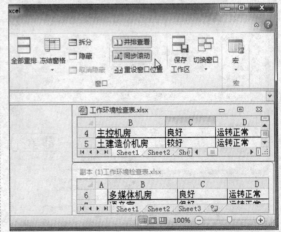

# 024 创建新的选项卡

**难度系数：**
●●○○○

**学习时间：**
10分钟

**要点导航：**

　　Excel 2010 允许用户自定义选项卡，可以把最常用的功能汇集到自定义的选项卡中，以便能更加高效、快捷地使用 Excel。

**01** 启动 Excel 2010，选择"文件"选项卡，单击"选项"按钮。

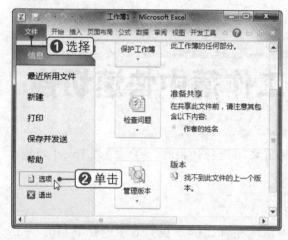

**02** 弹出"Excel 选项"对话框，在左侧选择"自定义功能区"选项，在右侧单击"新建选项卡"按钮。

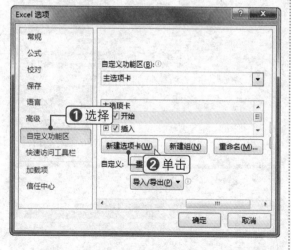

**03** 在命令列表中选择命令，单击"添加"按钮，将其逐个添加到新建的选项卡中。

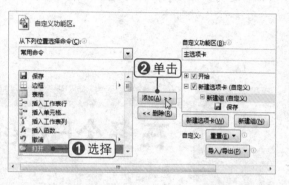

**04** 通过单击列表框右侧的上下箭头按钮，可以更改选项卡在功能区中的顺序。

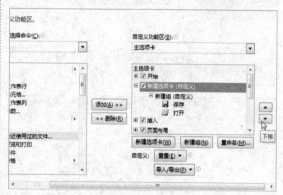

**05** 选择"新建选项卡（自定义）"选项，单击"重命名"按钮。

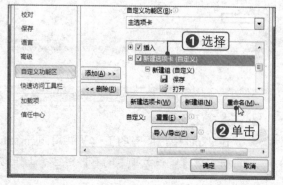

27

**06** 在"显示名称"文本框中输入名称，单击"确定"按钮。

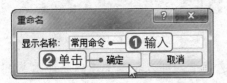

**07** 此时，在 Excel 程序窗口中出现"常用命令"选项卡。

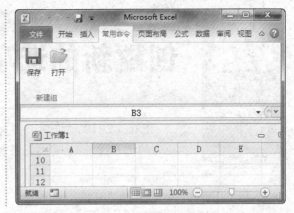

---

视频文件：光盘：视频文件/第2章/在多个Excel工作簿中快速切换.swf

# 025

难度系数：
●●●●●

学习时间：
6分钟

# 在多个Excel工作簿中快速切换

**要点导航：**

当需要在打开的多个工作簿之间进行切换时，可以通过 Excel 功能区快速切换工作簿。

**01** 选择"视图"选项卡，在"窗口"组中单击"切换窗口"按钮。

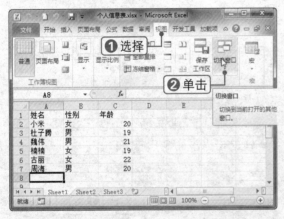

**02** 在弹出的下拉列表中选择要打开的工作簿，即可实现快速切换。

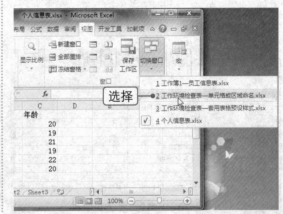

---

### 专家指点

**选择工作簿**

在 Excel 中，所有的工作簿共用同一个 Excel 程序窗口，所以在切换 Excel 工作簿时需从任务栏上选择。在选项卡的右侧包含了工作簿的窗口按钮，如"最小化"、"关闭"按钮。

# 026 将Word中的表格导入Excel中

素材文件：员工信息表.docx　　视频文件：将Word中的表格导入Excel中.swf

难度系数：●●○○○

学习时间：10分钟

**要点导航：**

Word 中的表格可以导入到 Excel 中，对于导入的表格可以进行各种 Excel 表格操作，如创建数据透视表和数据透视图等。

---

**01** 打开 Word 素材，选中并右击表格，选择"复制"命令。

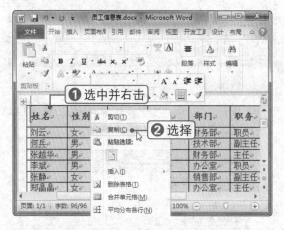

**02** 启动 Excel 2010，右击单元格，选择"选择性粘贴"命令。

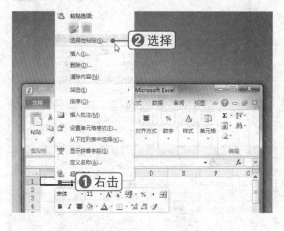

**03** 弹出"选择性粘贴"对话框，选择"文本"选项，单击"确定"按钮。

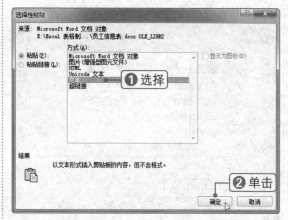

**04** 返回 Excel 工作簿，查看导入的 Word 表格数据。

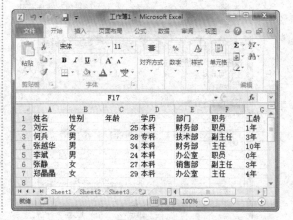

---

## 专家指点

**保留Word中的表格源格式**

在 Word 中复制表格数据后，如果想保留源格式粘贴到 Excel 中，则在 Excel 中单击"开始"选项卡下"剪贴板"选项组中的"粘贴"按钮，选择"保留源格式"选项。

# 027

难度系数:
● ● ● ● ●

学习时间:
10分钟

# 移动或复制工作表

**要点导航:**

在使用 Excel 时,可以将指定的工作表移动或复制到同一工作簿的不同位置,也可以移动或复制到不同工作簿的指定位置。

**01** 启动 Excel 2010,右击要移动或复制的工作表标签,选择"移动或复制"命令。

**02** 在"下列选定工作表之前"列表框中选择工作表的位置,单击"确定"按钮。

**03** 查看工作表移动效果,Sheet1 工作表已经移动到 Sheet3 工作表的前面。

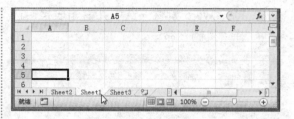

**04** 打开"移动或复制工作表"对话框,设置移动位置,选中"建立副本"复选框,单击"确定"按钮。

**05** 查看工作表复制效果,工作簿中新增加复制的 Sheet1(2)工作表。

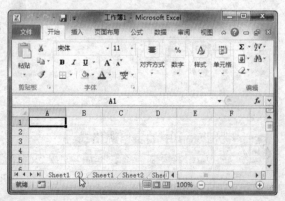

# 028

**难度系数：**
●●●○○

**学习时间：**
8分钟

# 快速移动或复制工作表

**要点导航：**

除了上节介绍的移动或复制工作表的方法外，还有一种很快捷的方法，这种方法最为常用，具体如下：

**01** 启动 Excel 2010，拖动 Sheet1 工作表标签到 Sheet2 工作表标签后。

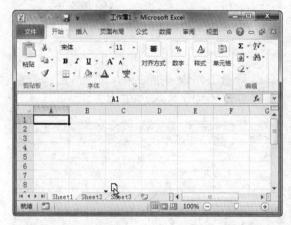

**02** 释放鼠标后，Sheet1 工作表被移至 Sheet2 工作表后。

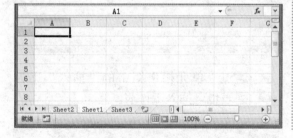

**03** 按住【Ctrl】键的同时，拖动 Sheet1 工作表标签至 Sheet3 工作表标签后。

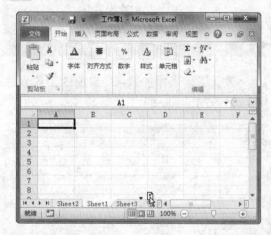

**04** 释放鼠标后，Sheet1 工作表被复制到 Sheet3 工作表后。

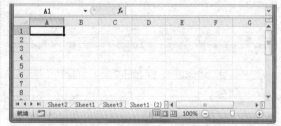

# 029

**难度系数：**
●●○○○

**学习时间：**
8分钟

# 插入工作表

**要点导航：**

工作簿默认包含 3 个工作表，当需要更多的工作表时，可以通过插入的方法来添加工作表。

**01** 启动 Excel 2010，单击"插入工作表"按钮或者按【Shift+F11】组合键。

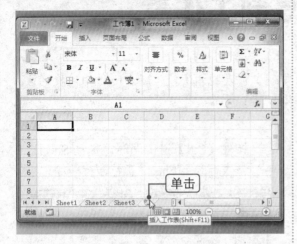

**02** 查看工作表添加效果，Sheet3 工作表后面添加了 Sheet4 工作表。

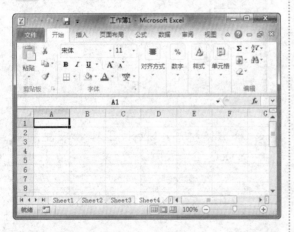

**03** 右击 Sheet4 工作表标签，选择"插入"命令。

**04** 选择"常用"选项卡下的"工作表"类型，单击"确定"按钮。

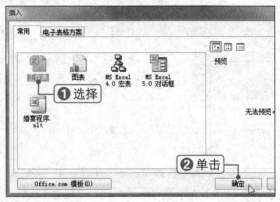

**05** 查看工作表添加效果，Sheet4 工作表前已经添加了 Sheet5 工作表。

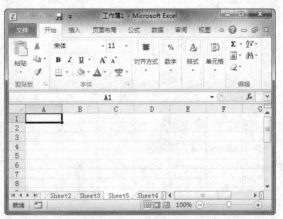

**06** 通过"单元格"组中的"插入"下拉列表也可插入工作表。

# 030 重命名工作表

视频文件：光盘：视频文件/第2章/重命名工作表.swf

难度系数：

学习时间：
6分钟

**要点导航：**

新建的工作表名称默认为 Sheet1、Sheet2……这样命名，不方便用户查找和使用工作表，这时可以重命名工作表。

**01** 启动 Excel 2010，双击要重命名的工作表标签，这时工作表名称变为可编辑状态。

**02** 输入新的工作表名称，按【Enter】键即可重命名工作表。

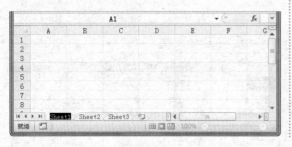

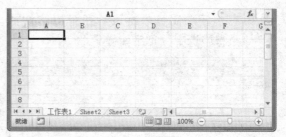

# 031 隐藏与显示工作表

视频文件：光盘：视频文件/第2章/隐藏与显示工作表.swf

难度系数：

学习时间：
8分钟

**要点导航：**

当工作簿中含有多余的工作表或不希望别人看到工作表中的数据时，可以将工作表设置为隐藏状态。

**01** 启动 Excel 2010，选择要隐藏的工作表，在此选择 Sheet2 工作表。

**02** 右击 Sheet2 工作表标签，在弹出的快捷菜单中选择"隐藏"命令。

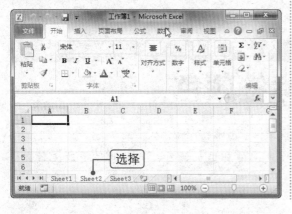

**03** 返回工作簿，Sheet2 工作表被隐藏，如果工作表中有数据，数据也会被隐藏。

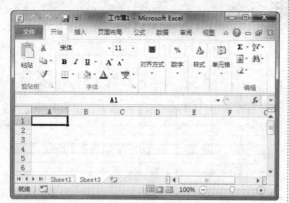

**04** 右击任一工作表标签，在弹出的快捷菜单中选择"取消隐藏"命令。

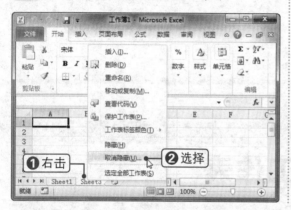

**05** 选择要取消隐藏的工作表，单击"确定"按钮。

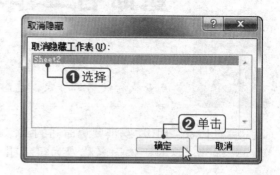

**06** 此时，所选择的隐藏的工作表重新出现在工作簿中。

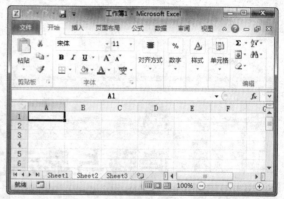

---

**专家指点**

**使用VBA隐藏工作表**

使用 VBA 隐藏工作表后，其他人是不能取消隐藏工作表的。设置完成后，在"单元格"组中单击"格式"下拉按钮，在弹出的下拉列表中"取消隐藏"命令是不可用的。要通过 VBA 编辑窗口修改属性，必须提供密码才能进入。

---

视频文件：光盘：视频文件/第2章/更改工作表标签颜色.swf

# 032

# 更改工作表标签颜色

**难度系数：**
●●○○○

**学习时间：**
8分钟

**要点导航：**

为了突出某些特殊的工作表，使其更加醒目，可以通过更改工作表标签颜色的方法来实现。

**01** 启动 Excel 2010，选择要更改标签颜色的工作表，在此选择 Sheet1 工作表。

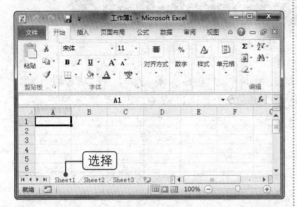

**02** 右击工作表标签，选择"工作表标签颜色"命令，在其子菜单中选择要使用的颜色。

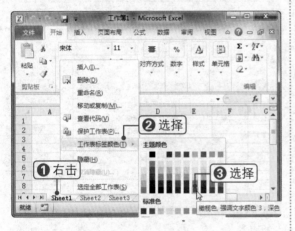

**03** 选择 Sheet2 工作表，可以看到 Sheet1 工作表标签颜色变为橄榄色。

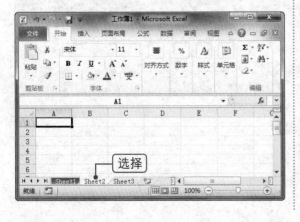

**04** 选择"开始"选项卡，在"单元格"组中单击"格式"下拉按钮。

**05** 在弹出的下拉列表中选择"工作表标签颜色"选项，单击要使用的颜色。

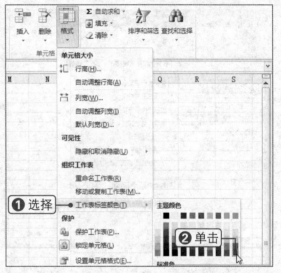

**06** 选择 Sheet3 工作表，可以看到 Sheet2 工作表标签颜色变为橙色。

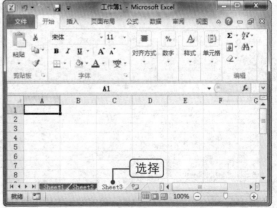

视频文件：光盘：视频文件/第2章/隐藏与显示垂直/水平滚动条.swf

# 033

**难度系数：**
● ● ● ● ●

**学习时间：**
6分钟

# 隐藏与显示垂直/水平滚动条

## 要点导航：

在 Excel 程序窗口中，垂直和水平方向都有滚动条，可以拖动滚动条查看更多内容。但有的用户在使用工作表的过程中不需要显示滚动条，这时将滚动条隐藏即可。

**01** 打开"Excel 选项"对话框，在左侧选择"高级"选项，在右侧取消选择"显示垂直滚动条"和"显示水平滚动条"复选框，单击"确定"按钮。

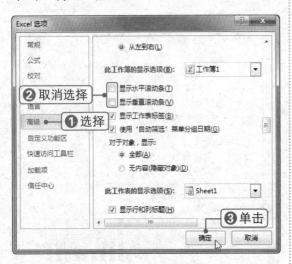

**02** 查看工作表，此时工作表中的水平滚动条和垂直滚动条都被隐藏。

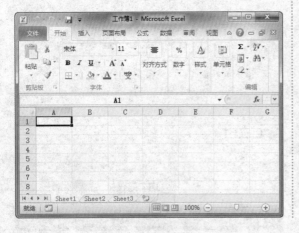

**03** 选中"显示垂直滚动条"和"显示水平滚动条"复选框，然后单击"确定"按钮。

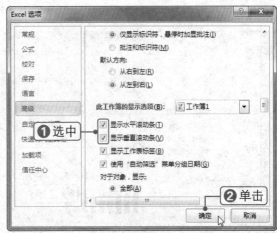

**04** 查看工作表，工作表中的水平滚动条和垂直滚动条都显示出来了。

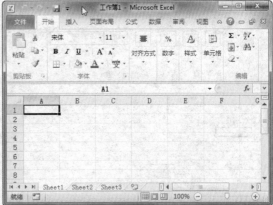

# 034

**素材文件:** 公司培训名单.xlsx　　**视频文件:** 向下拖动工作表一直显示首行.swf

## 向下拖动工作表一直显示首行

难度系数:

学习时间:
10分钟

**要点导航:**

　　当查看很长的工作表时,向下拖动滚动条无法看到首行字段,这样不方便查看整个工作表。这时,可以通过冻结首行来解决这个问题。

**01** 打开素材文件,向下滚动工作表,首行不能一直保持显示状态。

**02** 选择"视图"选项卡,在"窗口"组中单击"冻结窗格"下拉按钮,在弹出的下拉列表中选择"冻结首行"选项。

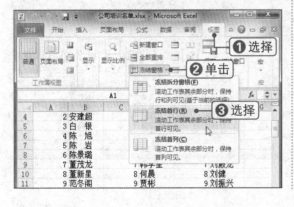

**03** 向下滚动工作表,首行将一直保持显示。

**04** 选择"取消冻结窗格"选项,即可取消冻结状态。

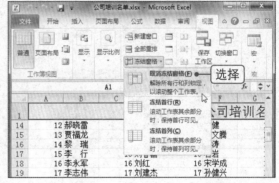

# 035

**素材文件:** 光盘:素材文件/第2章/公司培训名单.xlsx

## 拖动工作表一直显示前几行与列

难度系数:

学习时间:
10分钟

**要点导航:**

　　在查看大型工作表时,为了方便查看,除了冻结首行标题外,还可以同时冻结左侧的列和上方的行。

**01** 向下滚动并向右拖动工作表，这时前面的行和列不能一直显示。

**02** 选择 B3 单元格，在"视图"选项卡下"窗口"组中单击"拆分"按钮 。

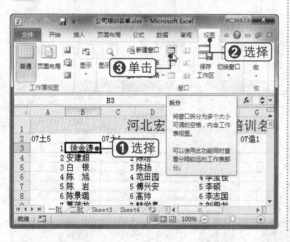

**03** 单击"冻结窗格"下拉按钮，在弹出的列表中选择"冻结拆分窗格"选项。

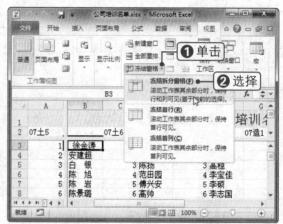

**04** 向下滚动工作表，前两行被冻结。向右拖动工作表，第一列也被冻结。

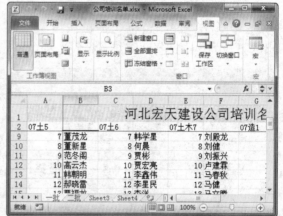

# 036

# 隐藏工作表中的网格线

难度系数：

学习时间：
8分钟

**要点导航：**

在 Excel 程序中默认显示网格线，以方便用户编辑数据。也可以根据需要显示或隐藏网格线。

**01** 启动 Excel 2010，选择"视图"选项卡，在"显示"组中取消选择"网格线"复选框。

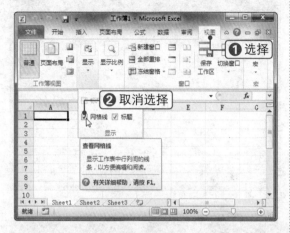

**02** 此时，查看设置效果，当前工作表的网格线已被隐藏。

**03** 选择"页面布局"选项卡，在"工作表选项"组中取消选择"查看"复选框。

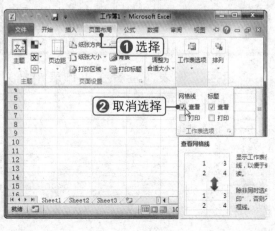

**04** 此时，即可隐藏当前工作表中的网格线。

**05** 在"工作表选项"组中选中"查看"复选框。

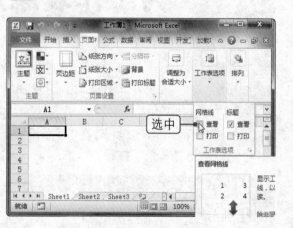

**06** 此时，查看设置效果，隐藏的网格线重新显示出来。

**07** 打开"Excel选项"对话框,在左侧选择"高级"选项,在右侧取消选择"显示网格线"复选框,单击"确定"按钮。

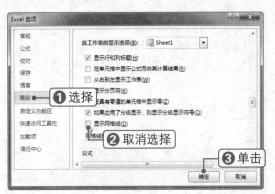

**08** 返回工作表中,当前工作表的网格线已被隐藏。

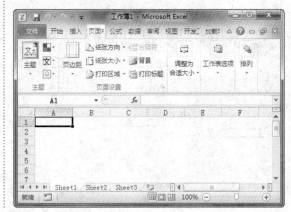

**037**

素材文件:个人信息表.xlsx　　视频文件:为工作表添加背景.swf

# 为工作表添加背景

难度系数:
●●○○○

学习时间:
8分钟

**要点导航:**

　　为了使工作表看起来更加美观,可以在工作表中添加背景图片,但在打印工作表时,背景图片是不能被打印出来的。

**01** 选择"页面布局"选项卡,在"页面设置"组中单击"背景"按钮。

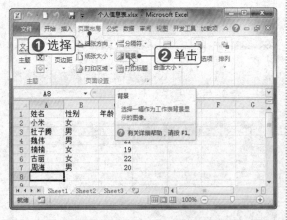

**02** 弹出"工作表背景"对话框,选择要用作背景的图片,然后单击"插入"按钮。

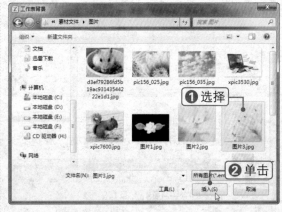

**03** 返回工作表,查看在工作表中插入的图片背景效果。

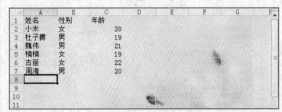

# 038

**难度系数:** ●●●●●

**学习时间:** 10分钟

## 套用预设表格样式

**要点导航:**

　　Excel 2010 提供了表格样式的自动套用功能,用户可以选择预设的样式来美化报表,这不仅为格式化报表节省了时间,而且可以制作出专业、美观的报表。

**01** 选择单元格区域,在"样式"组中单击"套用表格格式"按钮,选择所需样式。

**02** 弹出"套用表格式"对话框,单击"确定"按钮。

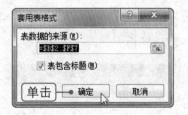

**03** 查看表格样式应用效果,这时还处于筛选状态。

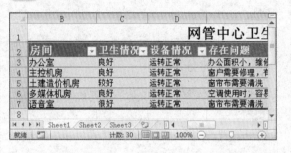

**04** 选择"数据"选项卡,在"排序和筛选"组中单击"筛选"按钮,退出筛选状态。

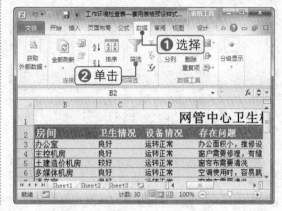

# 039

**难度系数:** ●●●●

**学习时间:** 10分钟

## 将工作表拆分成多个窗格

**要点导航:**

　　当要查看工作表的不同部分时,可将工作表在水平或垂直方向上拆分成多个单独的窗格,这样即可同时查看一个工作表中相距较远的部分了。

**01** 选中任意一行，选择"视图"选项卡，在"窗口"组中单击"拆分"按钮。

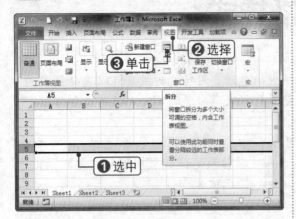

**02** 这时，工作表已经被水平拆分成上下两部分。

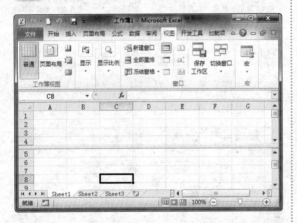

**03** 再次单击"拆分"按钮，即可取消对窗口的拆分。

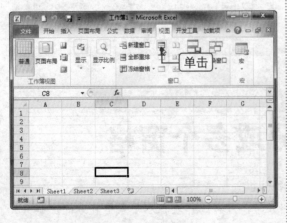

**04** 选中任意一列，在"窗口"组中单击"拆分"按钮。

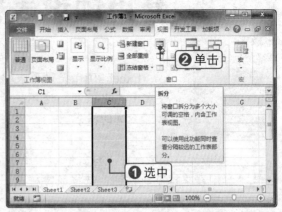

**05** 这时，查看拆分效果，工作表被分成了左右两部分。

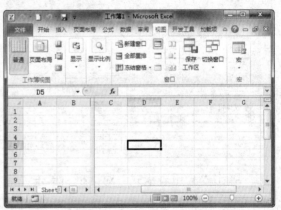

**06** 再次单击"拆分"按钮，即可取消对窗口的拆分。

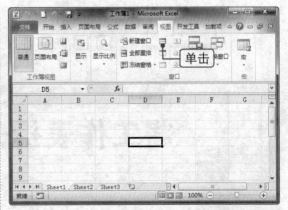

**07** 选择任一单元格，在"窗口"组中单击"拆分"按钮。

**08** 查看拆分效果，工作表被拆分成上、下、左、右四部分。

---

**专家指点**

 **将工作表拆分成窗格**

拖动垂直或水平拆分条，即可实现拆分；把窗格拆分条拖到窗口边缘或双击它，即可取消拆分。

---

**040**

素材文件：光盘：素材文件/第2章/工作环境检查表.xlsx

# 为单元格或单元格区域命名

难度系数：●○○○○

学习时间：
6分钟

**要点导航：**

　　Excel 中每个单元格都有一个默认的名称，用户可以根据需要给单元格或单元格区域重新命名，以方便引用或运算使用。

**01** 选择要命名的单元格区域，在此选择 B3:B7 单元格区域。

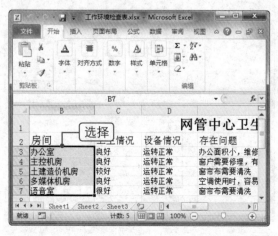

**02** 选择"公式"选项卡，在"定义的名称"组中单击"定义名称"按钮。

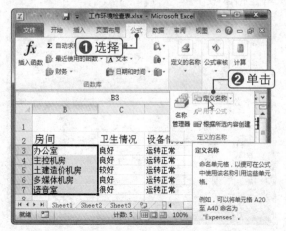

**03** 在"名称"文本框中输入所需的名称，单击"确定"按钮。

**04** 在工作表上方的名称框中，即可看到为该单元格区域设置的名称。

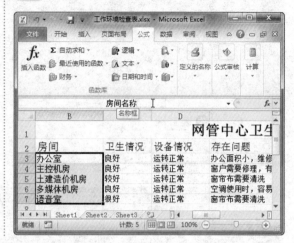

素材文件：光盘：素材文件/第2章/个人信息表.xlsx

# 041

# 为单元格添加屏幕提示信息

**难度系数：**
●●●○○

**学习时间：**
10分钟

**要点导航：**

有时在单元格中输入数据时需要一定的规则格式，可以为单元格添加屏幕提示信息，提醒用户输入符合规则的数据。

**01** 启动 Excel 2010，选择要添加屏幕提示信息的单元格区域，在此选择 C2:C7 单元格区域。

**02** 选择"数据"选项卡，在"数据工具"组中单击"数据有效性"按钮。

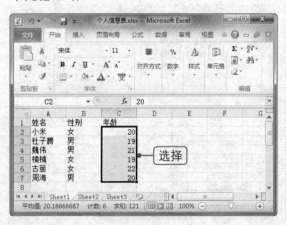

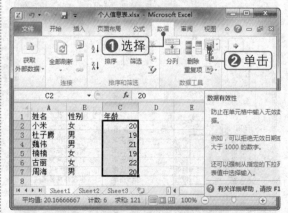

**03** 选择"输入信息"选项卡，在"标题"和"输入信息"文本框中输入所需的内容，单击"确定"按钮。

**04** 单击 C2:C7 单元格区域中的任一单元格，显示设置的提示信息。

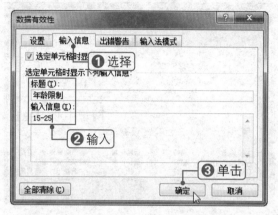

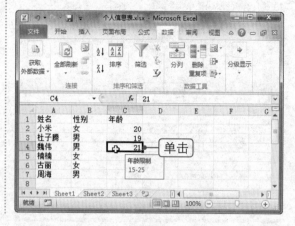

素材文件：光盘：素材文件/第2章/工作环境检查表.xlsx

## 042 隐藏工作表中的部分内容

**难度系数：**

**学习时间：**
8分钟

**要点导航：**

如果不想单元格中的某些数据被其他人浏览，可以将该部分内容隐藏起来。

**01** 打开需要隐藏数据的工作簿，选择需要隐藏的单元格区域。

**02** 右击选中的单元格区域，选择"设置单元格格式"命令。

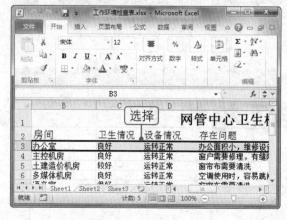

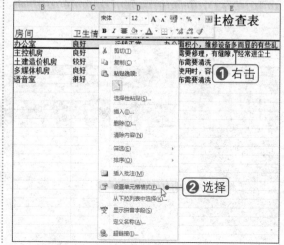

视频文件：光盘：视频文件/第2章/隐藏工作表中的部分内容.swf

**03** 选择"数字"选项卡，在左侧选择"自定义"选项，在右侧的"类型"文本框中输入";;;"。

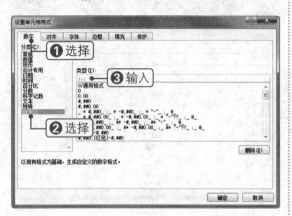

**04** 选择"保护"选项卡，选中"隐藏"复选框，单击"确定"按钮。

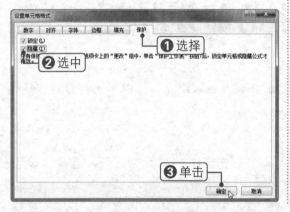

**05** 返回工作表中查看，所选单元格区域的内容已被隐藏。

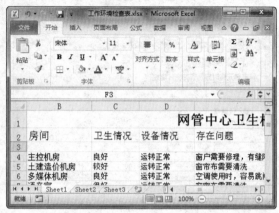

**06** 双击隐藏内容的任一单元格，即可显示隐藏的信息。

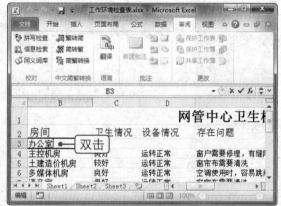

视频文件：光盘：视频文件/第2章/查找和替换单元格格式.swf

# 043 查找和替换单元格格式

**难度系数：**

**学习时间：**
8分钟

**要点导航：**

在 Excel 中，如果要查找具有相同格式的单元格进行编辑，可以使用"查找和替换"功能。

**01** 在"编辑"组中单击"查找和选择"下拉按钮，选择"替换"选项。

**02** 选择"替换"选项卡，在"查找内容"文本框右侧单击"格式"按钮。

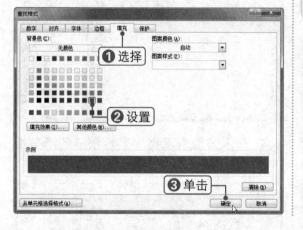

**03** 选择"填充"选项卡，设置相应的查找格式，单击"确定"按钮。

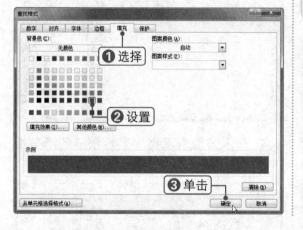

**04** 在"替换为"文本框右侧单击"格式"按钮。

**05** 弹出"替换格式"对话框，设置替换格式后单击"确定"按钮。

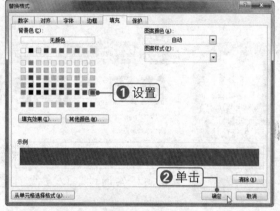

**06** 单击"查找全部"按钮，在下方显示查找结果。

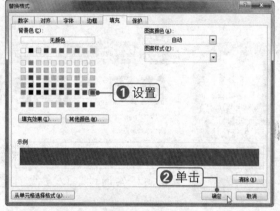

---

**专家指点**

**快速打开"查找与替换"对话框**

按【Ctrl+F】组合键，可以快速打开"查找和替换"对话框。单击"选项"按钮，可以展开更多查找选项。

**07** 单击"全部替换"按钮，完成格式的替换，单击"确定"按钮。

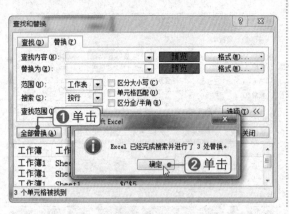

**08** 返回工作表，即可查看单元格格式替换效果。

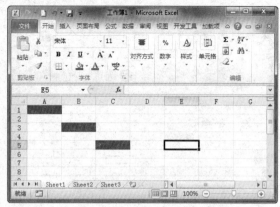

---

视频文件：光盘：视频文件/第2章/使用"信息检索"功能.swf

# 044

**难度系数：**

**学习时间：**
8分钟

# 使用"信息检索"功能

**要点导航：**

在"信息检索"功能中，有多种语言的词典、同义词库和各种Internet信息检索网站，以方便创建和接收多种不同语言书写的文档、邮件等。

**01** 选择"审阅"选项卡，在"校对"组中单击"信息检索"按钮。

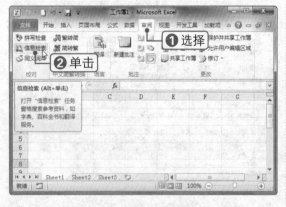

**02** 在"搜索"窗格中输入要搜索的词语，单击"开始搜索"按钮。

**03** 在下方的列表框中显示词语的所有搜索结果。

素材文件：工作环境检查表.xlsx　　视频文件：进行拼写和语法检查.swf

# 045 进行拼写和语法检查

**难度系数：**

**学习时间：**
8分钟

**要点导航：**

在日常工作中，往往没有足够的时间来检查文档中是否存在拼写和语法错误，这时可以使用 Office 程序提供的拼写检查和自动更正功能。

**01** 选择"审阅"选择卡，在"校对"组中单击"拼写检查"按钮。

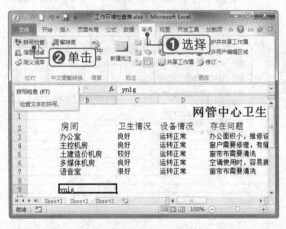

**02** 如果存在拼写错误，就会打开"拼写检查"对话框。

**03** 在"建议"列表框中选择要更正为的单词，单击"全部更改"按钮。

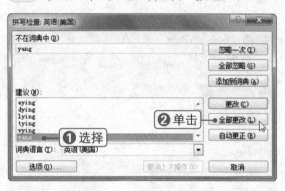

**04** 返回工作表，查看单词的更正替换效果。

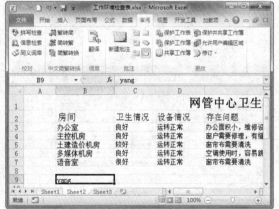

---

**专家指点**

**快速打开"拼写检查"对话框**

按【F7】键可快速打开"拼写检查"对话框，需要注意的是，Excel 不检查受保护的工作表、公式或作为公式结果的文本。

视频文件：光盘：视频文件/第2章/自动更正拼写.swf

# 046

**自动更正拼写**

难度系数：
●●●●○

学习时间：
10分钟

**要点导航：**

Excel 2010 的"自动更正"功能是利用用户定义的字典来对工作表中的数据项实现自动侦错和修正。用户还可以添加自己的自动更正项目，这为输入工作节省了不少时间，而且能避免输入错误。

01　启动 Excel 2010，选择"文件"选项卡，选择"选项"选项。

02　弹出"Excel 选项"对话框，在左侧选择"校对"选项，在右侧单击"自动更正选项"按钮。

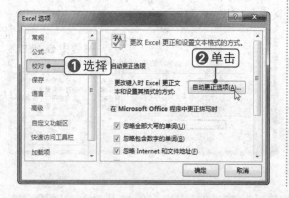

03　在弹出的对话框中可以进行自动更正设置，例如，将 GY 替换为 GuoYao，单击"添加"按钮，然后单击"确定"按钮。

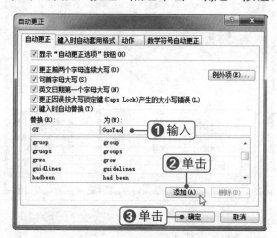

04　在工作表的单元格中输入 GY，按【Enter】键，单元格的内容变成 GuoYao。

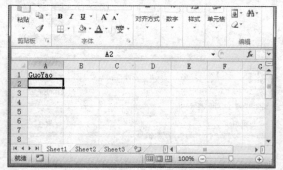

**专家指点**

**自动更正应用范围**

自动更正列表应用于支持此功能的所有 Office 程序，这意味着在一个 Office 程序中添加或删除列表中的单词时，其他 Office 程序都会受到影响。

# 047 添加单词

**难度系数：**

●●○○○

**学习时间：**
10分钟

**要点导航：**

在使用拼写检查器时，软件会将文档中的单词与主词典中的单词进行自动比较。在主词典中包含了大多数常见的单词，但可能不包含专有名称、技术术语或缩写等单词，这时可以将自定义的单词添加到拼写检查器中。

**01** 打开"Excel 选项"对话框，在左侧选择"校对"按钮，在右侧单击"自定义词典"按钮。

**02** 弹出"自定义词典"对话框，单击"新建"按钮。

**03** 在"文件名"文本框中输入自定义词典的名称，单击"保存"按钮。

**04** 弹出"自定义词典"对话框，单击"编辑单词列表"按钮。

**05** 在"单词"文本框中输入单词，单击"添加"按钮。

**06** 这时，单词出现在"词典"下方的列表中。可以用同样的方法添加其他单词，单击"确定"按钮。

视频文件：光盘：视频文件/第2章/为奇偶行设置不同格式.swf

# 048 为奇偶行设置不同格式

难度系数：

学习时间：
10分钟

**要点导航：**

　　在 Excel 2010 中，对奇偶行设置不同的背景颜色，可以使行间对比更加分明，从而增强视觉效果。

**01** 启动 Excel 2010，选择单元格区域，在"样式"组中单击"条件格式"下拉按钮，选择"新建规则"选项。

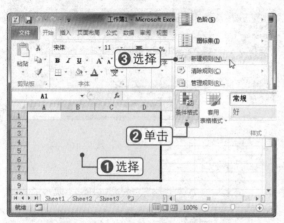

**02** 选择规则类型，在"为符合此公式的值设置格式"文本框中输入公式，单击"格式"按钮。

**03** 选择"填充"选项卡，选择背景色，单击"确定"按钮。

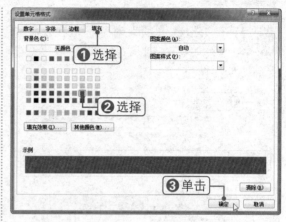

**04** 查看设置效果，工作表中单元格区域的奇数行背景色发生改变。

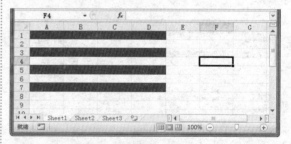

**05** 按前面的方法再次打开"新建格式规则"对话框，输入公式"=mod(row(),2)=0"，单击"格式"按钮。

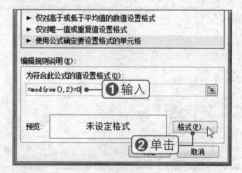

**06** 选择"填充"选项卡，选择背景色，单击"确定"按钮。

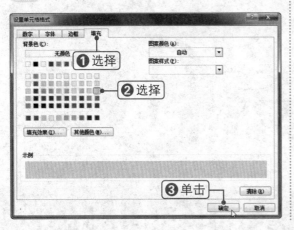

**07** 查看设置效果，单元格区域偶数行背景色发生改变。

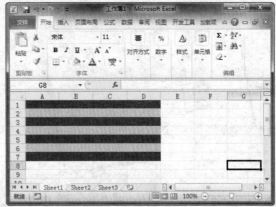

素材文件：值日表.xlsx    视频文件：快速撤销多步操作.swf

# 049

## 快速撤销多步操作

难度系数：

学习时间：
8分钟

**要点导航：**

若在操作中出现失误，可以单击"撤销"按钮进行一步步的恢复，也可以使用"撤销"按钮一键取消前面的多步操作。

**01** 单击"撤销"下拉按钮，选择要撤销到的操作步骤。

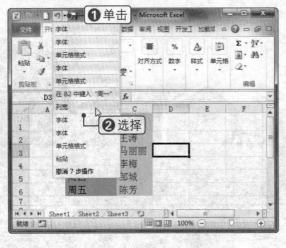

**02** 返回工作表中查看，最近执行的7步操作被一键撤销。

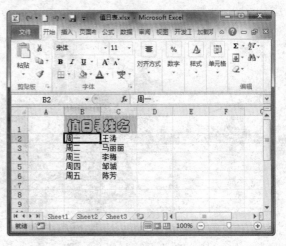

精彩无限，从这里开始……

# 第3章

# 数据输入和编辑秘笈

　　在制作表单或表格之前，首先要在单元格中输入数据，因此在输入之前要先了解各类型表格的信息和输入格式，例如，在单元格中可以输入文本、数字、日期、时间等。数据的输入方法有很多种，选用适当的方法可以大大提高数据的录入效率。本章将介绍手动输入数据、使用自定义填充序列、插入与编辑批注、检查拼写等操作技巧，帮助读者快速地掌握这些必备技能。

# 050

**难度系数：**
●●●○○

**学习时间：**
8分钟

视频文件：光盘：视频文件/第3章/输入以0开头的数值.swf

## 输入以0开头的数值

**要点导航：**

在工作表中输入以 0 开头的数值时，其结果将会忽略掉 0。设置数值类型为文本型，才可以将输入的数值正确地显示出来。

**01** 在单元格中输入以 0 开头的数值，按【Enter】键，查看输出结果。

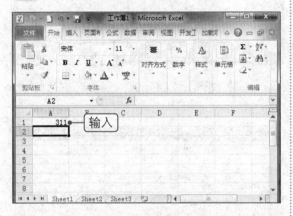

**02** 选择要输入以 0 开头的单元格区域并右击，在弹出的快捷菜单中选择"设置单元格格式"命令。

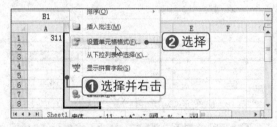

**03** 弹出"设置单元格格式"对话框，选择"文本"分类，单击"确定"按钮。

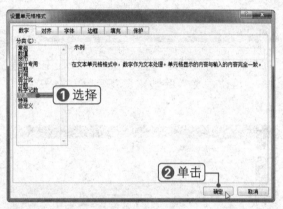

**04** 在单元格中输入以 0 开头的数值，这时即可正确显示数值。

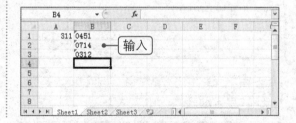

# 051

**难度系数：**
●●●○○

**学习时间：**
8分钟

视频文件：光盘：视频文件/第3章/将数字自动转换为中文大写.swf

## 将数字自动转换为中文大写

**要点导航：**

在编辑成本表等报表的时候，需要用到中文大写数字，而直接输入中文大写数字比较麻烦，这时可以通过设置单元格格式，将输入的数字自动转换成中文大写数字。

**01** 选择要输入中文大写数字的单元格区域，按【Ctrl+1】组合键。

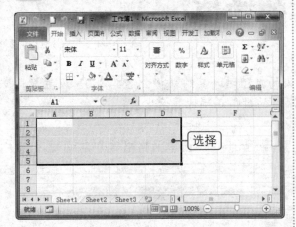

**02** 在左侧选择"特殊"分类，在右侧选择"中文大写数字"类型，单击"确定"按钮。

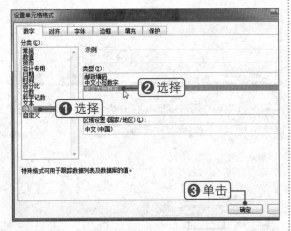

**03** 在单元格中输入数字，按【Enter】键，数字自动转换为中文大写。

**04** 选择要输入中文大写数字的单元格区域并右击，选择"设置单元格格式"命令。

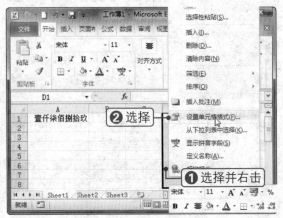

**05** 在左侧选择"自定义"分类，在右侧"类型"文本框中代码的末尾添加"圆整"。

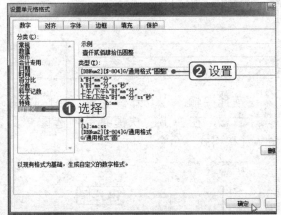

**06** 在单元格中输入 1245，按【Enter】键后自动变换为"壹仟贰佰肆拾伍圆整"。

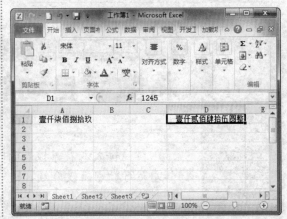

# 052

难度系数:
●●○○○

学习时间:
8分钟

视频文件: 光盘: 视频文件/第3章/输入分数.swf

## 输入分数

**要点导航:**

在使用 Excel 制作数据表格时, 经常会输入分数。例如, 在一些股票市场报价表中, 会用分数而不是小数来显示数据。很多用户在输入分数后会自动变为日期, 通过简单的设置可使其以分数形式输出。

**01** 在单元格中输入分数, 按【Enter】键, 查看输入结果。

**02** 由于日期也是通过"/"来区分, 所以在分数前要加上整数部分。在单元格中输入"0 2/3", 按【Enter】键即可。

# 053

难度系数:
●●●○○

学习时间:
10分钟

视频文件: 光盘: 视频文件/第3章/正确输入邮政编码.swf

# 正确输入邮政编码

**要点导航:**

在 Excel 中输入邮政编码时, 经常遇到内容显示不完整或显示错误值的情况, 可以通过设置为"邮政编码"类型来解决。

**01** 在任一单元格中输入邮政编码 050000, 按【Enter】键, 结果显示错误。

**02** 右击要输入邮政编码的单元格, 选择"设置单元格格式"命令。

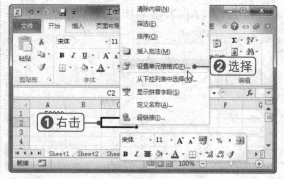

**03** 在左侧选择"特殊"分类,在右侧选择"邮政编码"类型,单击"确定"按钮。

**04** 在选定的单元格中输入邮政编码,按【Enter】键,结果显示正确。

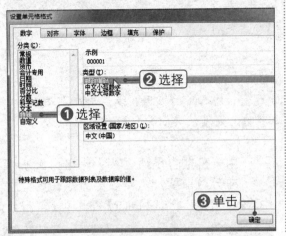

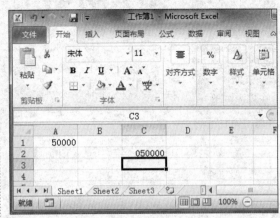

---

**专家指点**

**输入数字**

在输入数字之前,先将输入法切换成英文格式,输入标点符号"'",按【Enter】键,再次在单元格中输入以0开头的数字,则会正确显示输入的数字。

---

视频文件:光盘:视频文件/第3章/输入等差序列.swf

# 054 输入等差序列

**难度系数:**
●●●○○

**学习时间:**
8分钟

**要点导航:**

在 Excel 中经常需要输入大量有规律的数据,如果是呈等差序列显示的数据,则可以利用填充功能快速输入这些等差数值,还可以根据实际需要设置差值。

**01** 启动 Excel 2010,在 A1 单元格中输入 1,按住【Ctrl】键的同时向下拖动单元格右下角的填充柄。

**02** 查看填充效果,其为差值是 1 的等差序列。

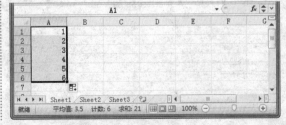

**03** 在 C1 单元格中输入 1，选中要填充序列的单元格区域。

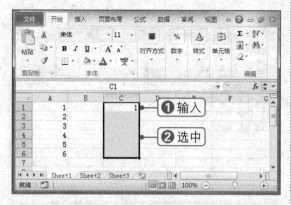
❶ 输入
❷ 选中

**05** 设置类型为"等差序列"，设置"步长值"为 2，单击"确定"按钮。

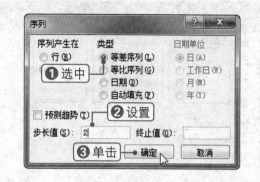
❶ 选中
❷ 设置
❸ 单击

**04** 单击"填充"下拉按钮▣，选择"系列"选项。

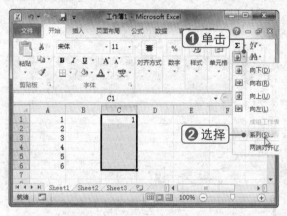
❶ 单击
❷ 选择

**06** 查看填充效果，其为差值是 2 的等差序列。

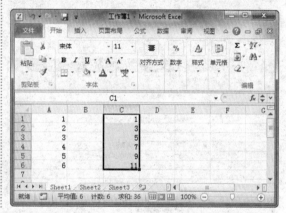

---

**专家指点**

**步长**

步长是指序列在延伸的过程中每一步延伸的幅度，即等差序列中相邻项之间的差。在等比序列中，步长就是等比序列中的"公比"。

---

视频文件：光盘：视频文件/第3章/自定义填充序列.swf

**055**

难度系数：
●●●●○

学习时间：
12分钟

# 自定义填充序列

**要点导航：**

序列填充是 Excel 提供的一项很实用的功能，可以帮助用户快速填充具有一定规律性的数据序列。除了可以直接使用自定义等差序列进行填充外，还可以自定义填充的序列。

**01** 启动 Excel 2010，选择"文件"选项卡，单击"选项"按钮。

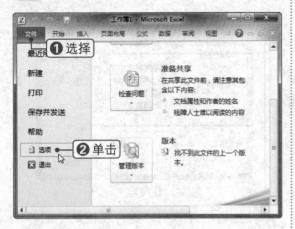

**02** 弹出"Excel 选项"对话框，在左侧选择"高级"选项，在右侧单击"编辑自定义列表"按钮。

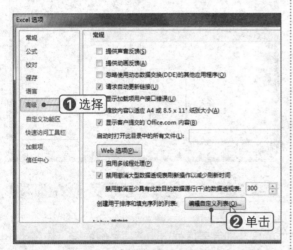

**03** 在"输入序列"列表中输入要添加的序列，单击"添加"按钮。

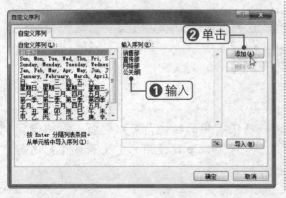

**04** 在"自定义序列"列表框中可以查看添加的序列，单击"确定"按钮。

**05** 在工作表的任一单元格中输入"销售部"，向下拖动单元格右下角的填充柄。

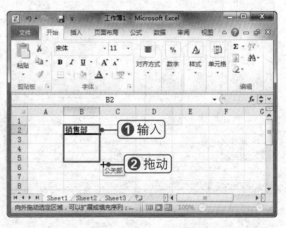

**06** 查看填充自定义序列效果，单元格以自定义序列进行填充。

# 056

难度系数:
●●●○○

学习时间:
10分钟

视频文件：光盘：视频文件/第3章/快速输入当前时间.swf

## 快速输入当前时间

**要点导航:**

　　在制作表格时，有时需要输入当前的时间，用户可以采用快捷的方法来输入，并通过设置单元格格式来更改时间的显示格式。

**01** 选择要输入当前时间的单元格，按【Ctrl+Shift+;】组合键即可自动输入当前时间。

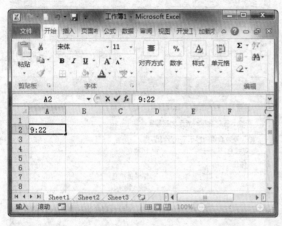

**02** 右击时间所在的单元格，选择"设置单元格格式"命令。

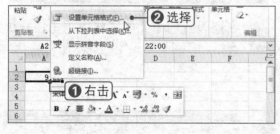

**03** 在左侧选择"时间"分类，在右侧选择所需的时间格式类型，单击"确定"按钮。

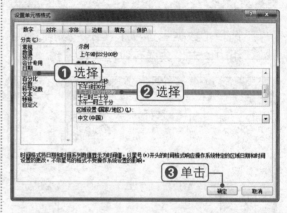

**04** 返回工作表，可以看到原来输入的"9:22"已自动转换为新的时间格式。

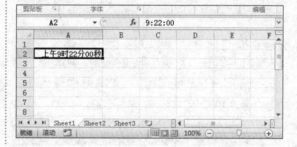

# 057

难度系数:
●●●●○

学习时间:
12分钟

视频文件：光盘：视频文件/第3章/输入指定范围内的数值.swf

## 输入指定范围内的数值

**要点导航:**

　　如果在 Excel 中输入的数值有一定的范围限制，这时可以为单元格添加提示信息，提示用户输入符合指定范围的数值。

**01** 启动 Excel 2010，选择单元格区域 A2:A7。

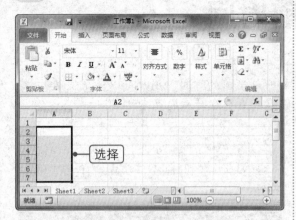

**02** 选择"数据"选项卡，在"数据工具"组中单击"数据有效性"按钮。

**03** 在"允许"下拉列表框中选择"整数"选项，在"数据"下拉列表框中选择"介于"选项，在"最小值"文本框中输入10，在"最大值"文本框中输入200。

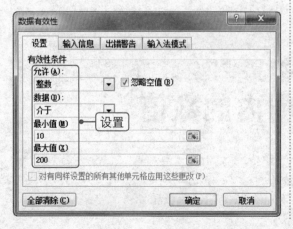

**04** 选择"输入信息"选项卡，设置输入信息为"数值范围为10-200"。

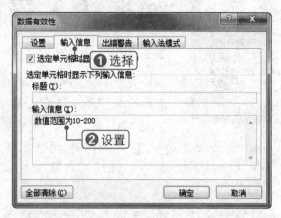

**05** 选择"出错警告"选项卡，设置出错信息为"输入错误！"，单击"确定"按钮。

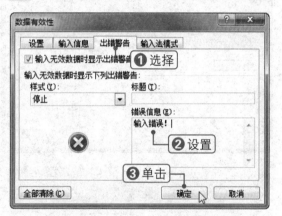

**06** 在所设置的单元格区域中单击任一单元格，即可显示设定的提示信息。

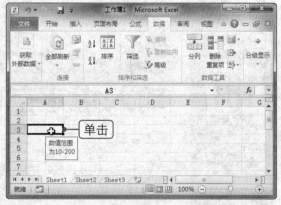

**07** 在单元格中输入 9，按【Enter】键，弹出出错警告信息框，单击"重试"按钮。

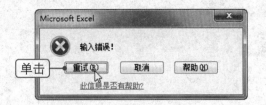

**08** 在单元格中输入 45，按【Enter】键，数值正常输入。

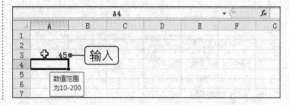

视频文件：光盘：视频文件/第3章/输入重复值时自动弹出提示.swf

# 058 输入重复值时自动弹出提示

难度系数：

学习时间：
12分钟

**要点导航：**

　　在 Excel 中输入学号、手机号、身份证号等唯一数据时，为了防止重复输入，可以设置自动弹出提示信息来提示输入了重复信息。

**01** 启动 Excel 2010，选择单元格区域 A2:A7。

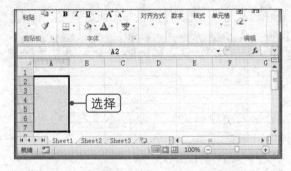

**02** 选择"数据"选项卡，在"数据工具"组中单击"数据有效性"按钮。

**03** 选择"设置"选项卡，在"允许"下拉列表框中选择"自定义"选项，在"公式"文本框中输入条件公式。

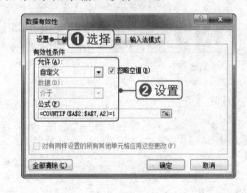

**04** 选择"输入信息"选项卡，设置输入信息为"不可重复输入"。

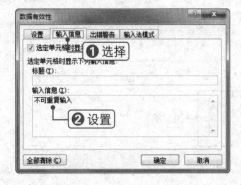

**05** 选择"出错警告"选项卡，设置错误信息为"输入错误"，然后单击"确定"按钮。

**06** 在 A2 单元格中输入数值，在 A3 单元格中输入重复数值，按【Enter】键，弹出出错警告信息框。

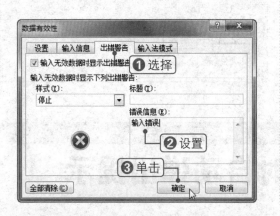

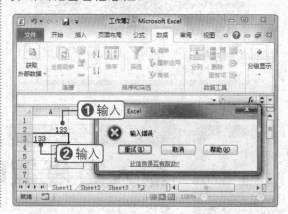

---

**专家指点**

**查找重复出现次数**

在编辑栏中输入公式"=countif(a:a,a1)"，按【Enter】键，即可得到 A 列数字中与 a1 单元格的值重复的次数。

---

**059**

难度系数：

学习时间：
10分钟

视频文件：光盘：视频文件/第3章/设置在规定的区域内只能输入数字.swf

# 设置在规定的区域内只能输入数字

**要点导航：**

在 Excel 中为了防止输入数据时出现错误，可以在要输入数值的单元格区域进行设置，使其只能输入数字。

**01** 启动 Excel 2010，选择单元格区域 A2:A7。

**02** 选择"数据"选项卡，在"数据工具"组中单击"数据有效性"按钮。

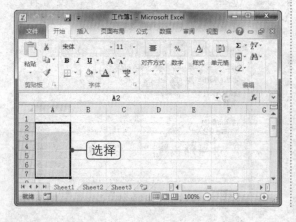

**03** 选择"设置"选项卡，在"允许"下拉列表框中选择"整数"选项，在"数据"下拉列表框中选择"大于"选项，在"最小值"文本框中输入 0，单击"确定"按钮。

**04** 在 A2 单元格中输入数值，按【Enter】键；在 A3 单元格中输入文字，按【Enter】键，弹出警告信息框。

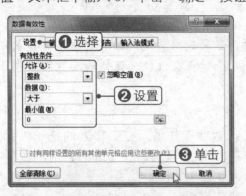

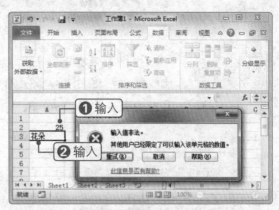

## 专家指点

### 只允许输入小数

在"数据有效性"对话框中，设置"允许"为"小数"，则在工作表的单元格中只能输入小数，输入别的信息都提示出错。还可以设置只能输入"序列"、"日期"等条件。

视频文件：光盘：视频文件/第3章/将数值自动转换为百分比.swf

# 060 将数值自动转换为百分比

**难度系数：**

**学习时间：**
6分钟

**要点导航：**

在 Excel 中经常要用到百分比，如果每次应用都单独输入会比较麻烦，这时可以设置将输入的数值自动转换为百分比样式。

**01** 选择单元格区域 A2:A6，在"数字"组中单击"百分比样式"按钮%。

**02** 在工作表中查看，数据已转换成百分比样式。

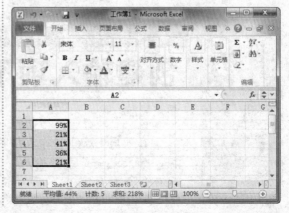

视频文件：光盘：视频文件/第3章/自动输入小数点.swf

# 061

**难度系数：**
●●○○○

**学习时间：**
6分钟

# 自动输入小数点

**要点导航：**

当输入带有小数点的数据时，如果数据量大，每次都输入小数点会比较繁琐，这时可以设置自动插入小数点及位数，这样输入数据后即可自动添加上小数点。

**01** 打开"Excel 选项"对话框，在左侧选择"高级"选项，在右侧选中"自动插入小数点"复选框，在"位数"数值框中设置小数位数，单击"确定"按钮。

**02** 返回工作簿，在工作表的任一单元格中输入数值，按【Enter】键，数值将自动添加一位小数点。

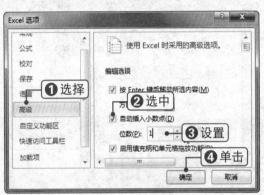

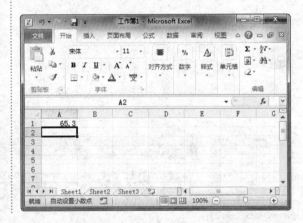

---

**专家指点**

**设置按【Enter】键移动方向**

在单元格中按【Enter】键后活动单元格一般都是自动切换到下方的一个单元格，在"Excel选项"对话框的"高级"选项中，可以将方向改为"向上"、"向左"或"向右"。

---

视频文件：光盘：视频文件/第3章/创建输入项下拉列表.swf

# 062

**难度系数：**
●●●○○

**学习时间：**
10分钟

# 创建输入项下拉列表

**要点导航：**

在使用 Excel 制作表格时，通常会在同一列重复输入相同的几个数据，如果完全是手工输入，比较费事，这时创建一个下拉列表填充项，工作就会大大简化。

**01** 选择单元格区域,选择"数据"选项卡,在"数据工具"组中单击"数据有效性"按钮。

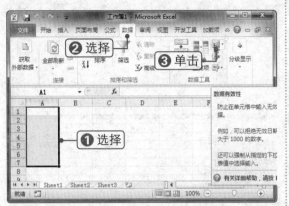

**02** 在"允许"下拉列表框中选择"序列"选项,在"来源"文本框中输入"销售部网络部,推广部",单击"确定"按钮。

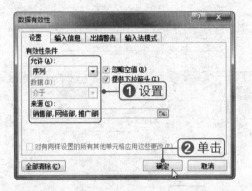

**03** 单击单元格右侧的下拉按钮,选择所需的选项。

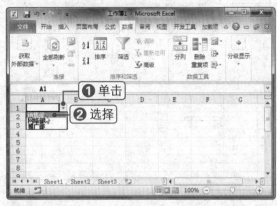

**04** 向下拖动单元格右下角的填充柄,即可直接填充单元格。

---

### 专家指点

**下拉列表功能**

　　在 Excel 中创建输入项下拉列表可以方便选择输入,同时在打印报表时如果不需要打印报表中的哪一列,选中该列后可以将其隐藏起来,需要时再显示出来即可。

---

🎬 视频文件:光盘:视频文件/第3章/绘制斜线表头.swf

## 063 绘制斜线表头

难度系数:　●●●○○

学习时间:
10分钟

**要点导航:**

　　有时需要在 Excel 表格中绘制斜线表头,以便在斜线单元格中输入表格项目类别,下面学习如何使用上下标制作斜线表头。

**01** 启动 Excel 2010，在单元格中输入文本"姓名 性别"。

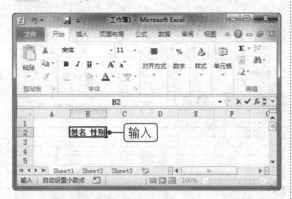

**02** 选中"姓名"并右击，在弹出的快捷菜单中选择"设置单元格格式"命令。

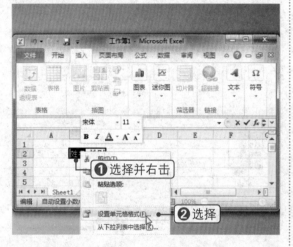

**03** 在"特殊效果"选项区中选中"下标"复选框，单击"确定"按钮。

**04** 返回工作表，查看选中的文字被设置为下标后的效果。

**05** 使用同样的方法，设置文本"性别"为"上标"效果。

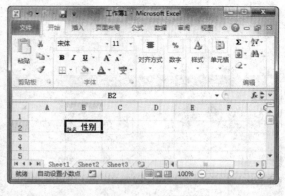

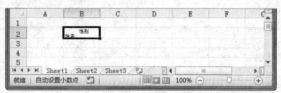

**06** 选择"插入"选项卡，在"插图"组中单击"形状"下拉按钮，在弹出的下拉列表中选择"直线"形状。

**07** 在 B2 单元格中绘制一条斜线，即可完成斜线表头的制作。

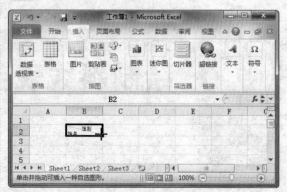

# 064

**难度系数:**
●●●●●

**学习时间:**
8分钟

素材文件: 期末成绩表.xlsx　　　视频文件: 自动转换表格行与列.swf

# 自动转换表格行与列

**要点导航:**

在 Excel 表格制作中,用户可以根据自己的需要将行转换成列,或将列转换成行。

**01** 选择要转换成列的单元格区域 A2:F2,在"剪贴板"组中单击"复制"按钮。

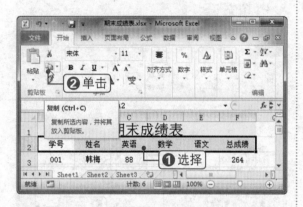

**02** 选择转换后区域的起始单元格,在"剪贴板"组中单击"粘贴"下拉按钮,选择"选择性粘贴"选项。

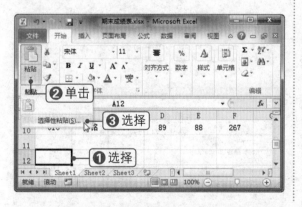

**03** 在弹出的对话框中选中"转置"复选框,单击"确定"按钮。

**04** 返回工作表,查看转置效果,原来的行内容已转换成列内容。

---

**专家指点**

**将列转换为行**

　　用以上方法也可以将列转换为行:选择要转换为行的区域,单击"复制"按钮,然后选择转换后区域的第一个单元格,在"选择性粘贴"对话框中选中"转置"复选框,单击"确定"按钮即可。

素材文件：电脑参数.xlsx　　视频文件：将半角字符转换为全角字符.swf

# 065 将半角字符转换为全角字符

难度系数：●●●●●

学习时间：6分钟

**要点导航：**

使用 WIDECHAR 函数可以对表格中的字符进行半角或全角的统一。WIDECHAR 函数的语法结构为 WIDECHAR(text)，使用该函数可以将半角字符更改为全角字符。

**01** 选中 D3 单元格，在编辑栏中输入公式，按【Enter】键。

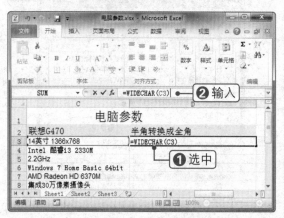

**02** C3 单元格中的文本转换成全角字符，显示在 D3 单元格中。

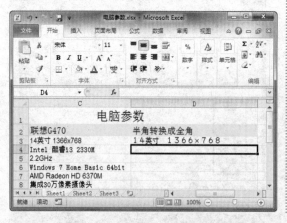

**03** 选中 D3 单元格，向下拖动其右下角的填充柄。

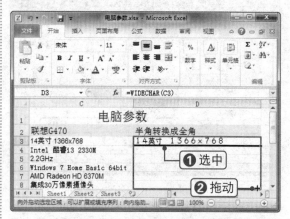

**04** 此时，C4:C8 单元格区域中的数据全部转换成全角，并显示在相应的单元格中。

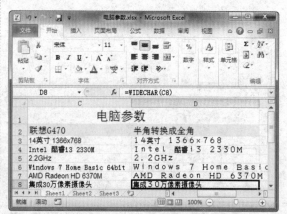

## 专家指点

**半角字符与全角字符的区别**

半角全角主要是针对标点符号来说的，全角标点占两个字节，半角标点占一个字节。无论半角还是全角输入，汉字都是占两个字节。

# 066

素材文件：电脑参数.xlsx　　　视频文件：为文字添加拼音注释.swf

## 为文字添加拼音注释

难度系数：

学习时间：
8分钟

**要点导航：**

　　当在单元格中输入的内容出现生僻字时，可以使用"拼音指南"功能为其添加拼音注释。

**01** 选择要添加拼音的单元格，在"字体"组中单击"显示或隐藏拼音字段"下拉按钮，选择"编辑拼音"选项。

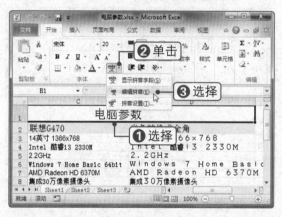

**02** 此时进入拼音编辑状态，手动输入拼音，按【Enter】键。

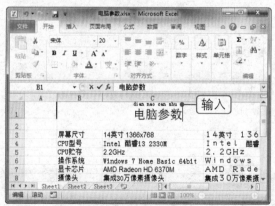

### 专家指点

**拼音设置**
　　在"显示或隐藏拼音字段"下拉列表中选择"拼音设置"选项，还可以设置拼音的对齐方式、字体、字号和颜色等。

**03** 单击任一单元格，这时添加的拼音处于隐藏状态。

**04** 选中 B1 单元格，在"字体"组中单击"显示或隐藏拼音字段"下拉按钮，选择"显示拼音字段"选项。

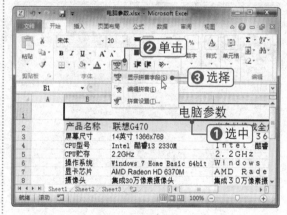

**05** 这时，可以看到隐藏的拼音已经显示出来了。

# 067 取消Excel的记忆式键入功能

**难度系数：**

**学习时间：** 6分钟

**要点导航：**

在输入数据后，当下次输入类似信息时 Excel 会自动弹出之前的信息，不需要时取消 Excel 的记忆式键入功能即可。

**01** 启动 Excel 2010，在 A1 单元格中输入文本，按【Enter】键。在 A2 单元格中输入"杜"后，将自动显示后面的文本。

**02** 选择"文件"选项卡，在左侧单击"选项"按钮。

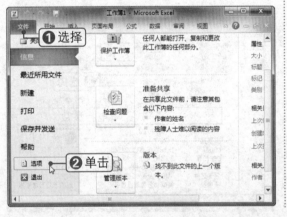

**03** 在左侧选择"高级"选项，在右侧取消选择"为单元格值启用记忆式键入"复选框，单击"确定"按钮。

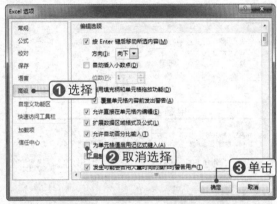

**04** 在 A4 单元格中输入文本，按【Enter】键。在 A5 单元格中输入"比"，单元格不再显示记忆功能。

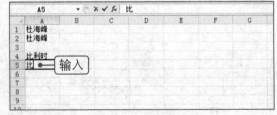

 素材文件：期末成绩表.xlsx  视频文件：改变单元格内文本的方向.swf

# 068 改变单元格内文本的方向

**难度系数：**

**学习时间：** 6分钟

**要点导航：**

在 Excel 表格中输入文本后，有时需要对文本的方向进行调整，可以通过设置单元格格式来实现。

01 选择要改变方向的文本并右击，选择"设置单元格格式"命令。

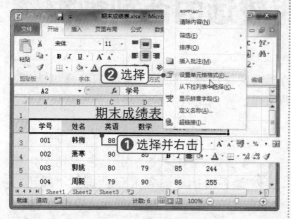

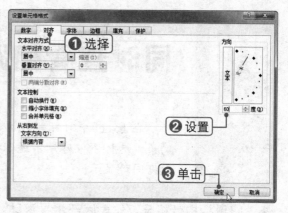

02 选择"对齐"选项卡,在右侧的"方向"选项区中设置角度,然后单击"确定"按钮。

03 返回工作表，所选单元格区域的文字方向改变为相应的角度。

| | A | B | C | D | E | F | G |
|---|---|---|---|---|---|---|---|
| 1 | | | | 期末成绩表 | | | |
| 2 | 学号 | 姓名 | 英语 | 数学 | 语文 | 总分 | |
| 3 | 001 | 韩梅 | 88 | 80 | 96 | 264 | |
| 4 | 002 | 萧寒 | 90 | 85 | 75 | 250 | |
| 5 | 003 | 郭姚 | 80 | 79 | 85 | 244 | |
| 6 | 004 | 周毅 | 79 | 90 | 86 | 255 | |

**069**

难度系数:

学习时间:
6分钟

素材文件:销售业绩表.xlsx    视频文件:用数据条长短来表现数值的大小.swf

# 用数据条长短来表现数值的大小

**要点导航:**

通过为数据应用"数据条"条件格式，可以清晰地查看一列数据的大小情况。通过查看带颜色的数据条，可以节省逐个对比数据的时间。

01 选择 G3:G8 单元格区域，在"样式"组中单击"条件格式"下拉按钮,选择"数据条"选项，在其列表中选择所需的样式。

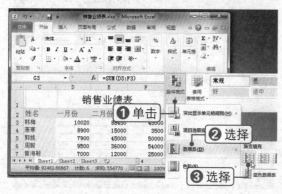

02 查看设置效果，单元格已根据数值大小显示出长短不同的数据条。

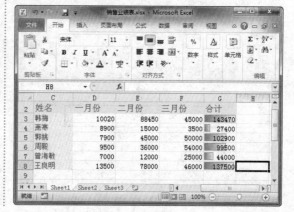

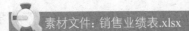素材文件：销售业绩表.xlsx 视频文件：同时查看相距较远的两列数据.swf

# 同时查看相距较远的两列数据

**要点导航：**

在 Excel 中对相距较远的两列数据进行比较时，需要不断地拖动滚动条，这样不仅麻烦，还容易出错。可以通过拆分窗格，将相距较远的数据同屏显示。

**01** 将鼠标指针移至工作表底部水平滚动条右侧的小块□上，当鼠标指针变成双向箭头时，拖动其到工作表中部。

**02** 这时，工作表被拆分为左右两个。拖动各自的滚动条显示数据列，即可将相距较远的两列数据同屏显示，以进行对比。

# 强制单元格中的内容换行

**要点导航：**

如果在一个单元格中输入的文本内容过长，输入的内容就会延伸到其他单元格，这时可以根据需要设置强制换行。

**01** 将光标定位在要进行换行的位置，按住【Alt】键的同时按【Enter】键。

**02** 单击其他单元格，C1 单元格中的文本内容已强制换行。

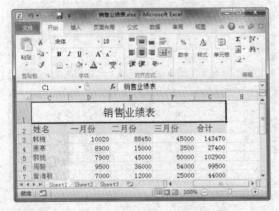

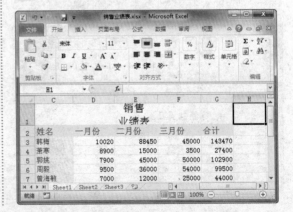

# 072

**难度系数：**

**学习时间：**
6分钟

# 使单元格内容显示完整

**要点导航：**

当在单元格中输入过长的内容时，只在左侧显示部分内容，在右侧则显示为空白单元格，可以通过设置使单元格的内容显示完整。

**01** 启动 Excel 2010，在单元格中输入文本。选中 A1 单元格，按住【Ctrl】键的同时按主键盘区中数字键 1。

**02** 弹出"设置单元格格式"对话框，选择"对齐"选项卡。

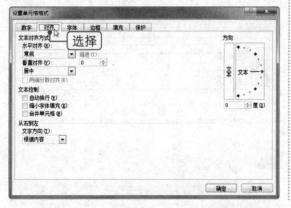

**03** 在"文本控制"选项区选中"缩小字体填充"复选框，单击"确定"按钮。

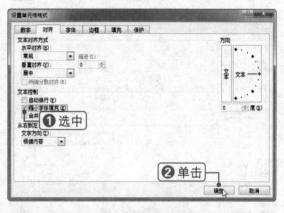

**04** 返回工作表，可以看到单元格内容完整地显示在一个单元格中。

---

## 专家指点

**"自动换行"与"缩小字体填充"的区别**

"缩小字体填充"是缩小字体，将所有内容作为一行放在该单元格中；"自动换行"则必须手动调整字体大小。"自动换行"和"缩小字体填充"两者不能同时使用。

# 073

视频文件：光盘：视频文件/第3章/将单元格内容分为两列.swf

难度系数：
●●○○○

学习时间：
8分钟

# 将单元格内容分为两列

**要点导航：**

对于一个单元格中的内容，若要以两列显示，可以设置从指定位置分为两列，使用 Excel 的"分列"功能即可实现。

**01** 选中 A1 单元格，选择"数据"选项卡，在"数据工具"组中单击"分列"按钮。

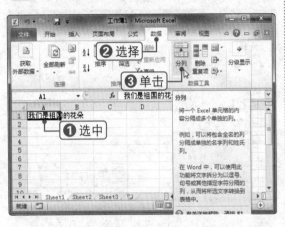

**02** 在弹出的对话框中选中"固定宽度"单选按钮，单击"下一步"按钮。

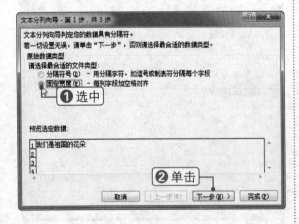

**03** 将分列线拖到要分列的位置，单击"下一步"按钮。

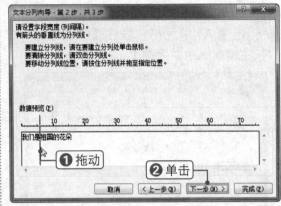

**04** 选择第一列，在"列数据格式"选项区中选择数据格式，单击"完成"按钮。

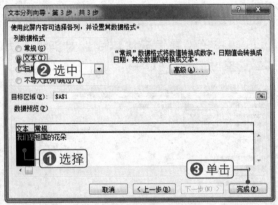

**05** 返回工作表，查看分列效果，原单元格的内容在指定位置分为两列。

## 074

**难度系数：**

**学习时间：**
6分钟

素材文件：销售业绩表.xlsx  视频文件：为单元格添加批注.swf

# 为单元格添加批注

**要点导航：**

在审阅工作表时，当用户提出了修改意见或有疑问时，可以在单元格中添加批注，提出修改意见或描述疑问。

**01** 选择要添加批注的单元格，选择"审阅"选项卡，在"批注"组中单击"新建批注"按钮。

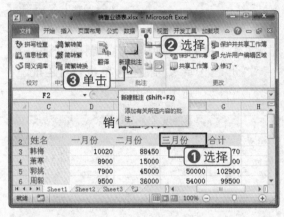

**02** 弹出批注框，在批注框中输入批注内容。

**03** 单击其他单元格，退出批注编辑状态，这时会自动隐藏批注框。

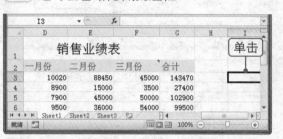

**04** 单击包含批注的单元格，在"批注"组中单击"显示/隐藏批注"按钮，显示批注内容。

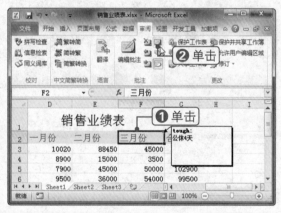

## 075

**难度系数：**

**学习时间：**
8分钟

素材文件：销售业绩表.xlsx 视频文件：更改批注名称.swf

# 更改批注名称

**要点导航：**

批注显示的默认名称是在安装 Office 程序时设定的名称，用户可以根据需要更改该名称。

**01** 查看 Excel 表格中插入批注中的用户名为 tough。

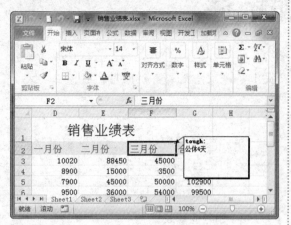

**02** 选择"文件"选项卡，在左侧单击"选项"按钮。

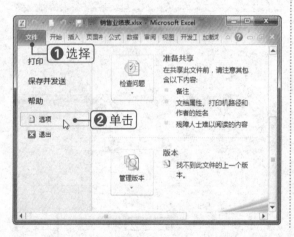

**03** 在左侧选择"常规"选项，在右侧设置用户名，单击"确定"按钮。

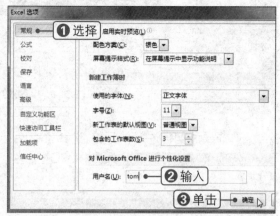

**04** 在"批注"组中单击"删除批注"按钮，删除原来的批注。单击"新建批注"按钮，可以看到用户名已经更改。

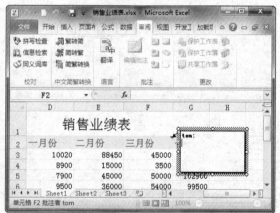

素材文件：销售业绩表.xlsx　　视频文件：设置批注格式.swf

## 076 设置批注格式

难度系数：
●●●○○

学习时间：
10分钟

**要点导航：**

　　用户可以根据需要更改批注的格式，使其突出、醒目。例如，更改批注的字体、字号、对齐方式和文字方向等。

**01** 选择要设置批注格式的单元格，选择"审阅"选项卡，在"批注"组中单击"显示 / 隐藏批注"按钮。

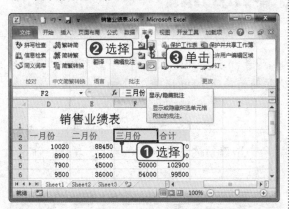

**02** 显示出批注，右击批注框的边框，选择"设置批注格式"命令。

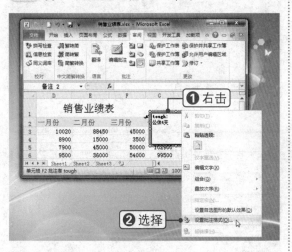

**03** 选择"颜色与线条"选项卡，设置填充颜色和线条样式。

**04** 选择"对齐"选项卡，从中设置文本对齐方式，单击"确定"按钮。

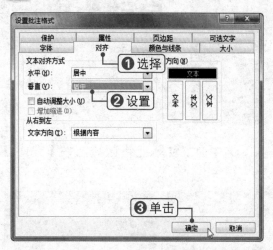

**05** 返回工作表，查看设置格式后的批注效果。

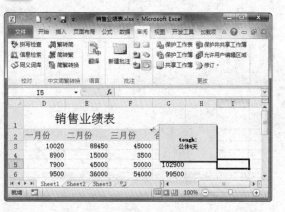

**06** 在"设置批注格式"对话框中，还可以根据需要进行字体、大小等其他设置。

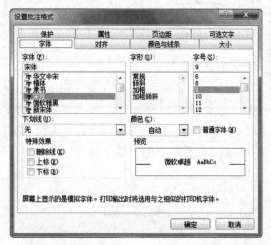

素材文件：光盘：素材文件/第3章/回访信息表.xlsx

# 077

**难度系数：**
●●●●●

**学习时间：**
8分钟

## 自动为电话号码添加"-"

**要点导航：**

在输入电话号码时，每次在区号和数字间输入符号"-"会比较繁琐，通过设置单元格格式可以实现自动为输入的电话号码添加"-"。

**01** 选中 D2:D9 单元格区域，按【Ctrl+1】组合键。

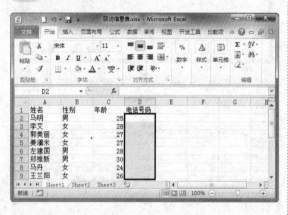

**02** 在左侧选择"自定义"分类，在右侧的"类型"文本框中输入"0000-0000000"，单击"确定"按钮。

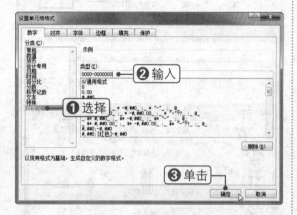

**03** 在单元格中输入电话号码，按【Enter】键，电话号码中自动添加了"-"。

**04** 在"设置单元格格式"对话框中将类型设置为"000-0000-0000"，单击"确定"按钮。

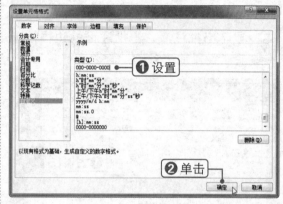

**05** 在单元格中输入手机号码，按【Enter】键，查看输出结果。

**06** 选中 E2 单元格，在单元格中输入公式 "=REPLACE(D2,4,0，"-")"，然后按【Enter】键。

视频文件：光盘：视频文件/第3章/自动为电话号码添加"-".swf

**07** 此时查看公式结果，数字中间已经添加了"-"。

**08** 向下拖动单元格右下角的填充柄，复制单元格公式。

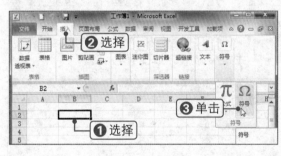

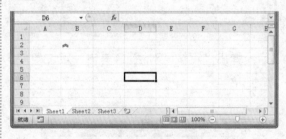

视频文件：光盘：视频文件/第3章/插入符号或特殊字符.swf

# 078 插入符号或特殊字符

**难度系数：**
●●●○○

**学习时间：**
10分钟

**要点导航：**

在 Excel 2010 中可以在单元格中插入各种符号，若键盘上没有要使用的符号，可以从"符号"对话框中选择并插入到单元格中。

**01** 选中要插入符号的单元格，选择"插入"选项卡，在"符号"组中单击"符号"按钮。

**03** 返回工作表中，此时即可在工作表中查看插入的符号。

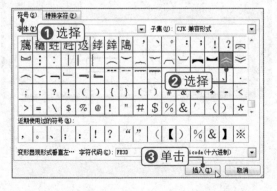

**02** 选择"符号"选项卡，选择要插入的符号，单击"插入"按钮即可。

**04** 在"符号"对话框中选择"特殊字符"选项卡，根据需要选择要插入的特殊字符，单击"插入"按钮即可。

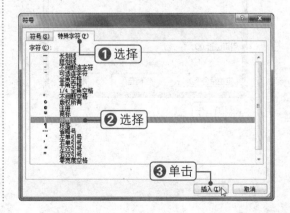

Excel 2010入门秘笈　Excel工作簿操作秘笈　数据输入和编辑秘笈　数据分析与处理秘笈　Excel公式与函数使用秘笈

81

素材文件：期末成绩表.xlsx

视频文件：定位最后一个单元格.swf

# 079 定位最后一个单元格

**难度系数：**

**学习时间：**
10分钟

**要点导航：**

在保存 Excel 工作簿时，仅存储工作表中包含数据或格式的单元格。用户可以定位工作表上最后一个包含数据或格式的单元格，避免打印工作表时产生多余的打印页。

**01** 在"编辑"组中单击"查找和替换"下拉按钮，选择"转到"选项。

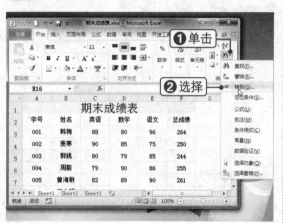

**02** 弹出"定位"对话框，单击"定位条件"按钮。

**03** 选中"最后一个单元格"单选按钮，单击"确定"按钮。

**04** 返回工作表，定位到工作表最后一个包含数据或格式的单元格。

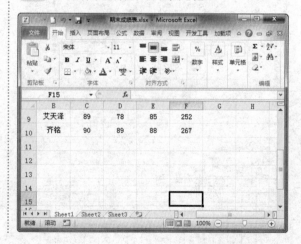

# 第4章

# 数据分析与处理秘笈

　　Excel 2010 具有强大的数据分析功能，通过数据分析可以详细地分析工作表中的数据，同时也可解决所遇到的数据处理问题。例如，通过数据筛选和排序可以使用户快速地挑选出所需要的数据，通过数据透视表和数据透视图可以清晰地表示数据的汇总情况。本章将详细介绍如何应用条件格式、排序与筛选、分类汇总、数据透视表和数据透视图等数据分析工具。

# 080 突显指定单元格的内容

**难度系数：**
●●○○○

**学习时间：**
8分钟

**要点导航：**

在制作 Excel 表格时，可以通过突显指定单元格的格式来引起对单元格中内容的注意。

**01** 选择 G5:G17 单元格区域，在"样式"组中单击"条件格式"按钮。

**02** 选择"突出显示单元格规则"选项，在其子菜单中选择"文本包含"选项。

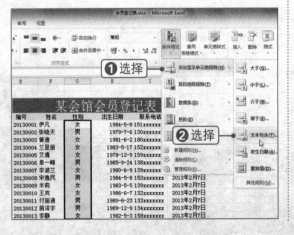

**03** 弹出"文本中包含"对话框，设置文本包含规则，单击"确定"按钮。

**04** 返回工作表，性别为"男"的单元格显示为绿填充色深绿色文本。

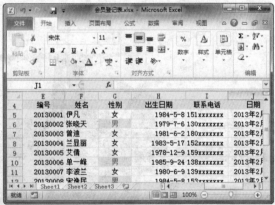

---

**专家指点**

**条件格式的应用**

条件格式基于条件更改单元格区域的外观，条件格式用于：突出显示所关注的单元格或单元格区域；强调异常值；使用数据条、颜色刻度和图标集来直观地显示数据。

# 081

**难度系数:**

**学习时间:**
8分钟

素材文件:会员登记表.xlsx　　视频文件:突显指定范围内的数据.swf

# 突显指定范围内的数据

**要点导航:**

在 Excel 表格中,有时需要将某个范围内的数据突显出来,通过应用条件格式即可实现数据的突显。

**01** 选择单元格区域,在"样式"组中单击"条件格式"按钮。

**02** 选择"突出显示单元格规则"|"介于"选项。

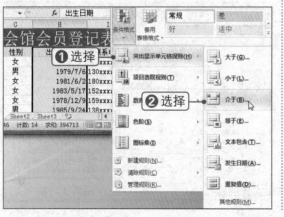

**03** 在数值框中输入数值,设置单元格格式,单击"确定"按钮。

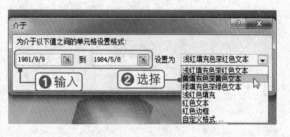

**04** 返回工作表,查看突显效果,符合条件的单元格显示为黄填充色深黄色文本格式。

---

**专家指点**

**选取条件范围**

在设置条件格式时,若设置的条件为某单元格的内容,可以单击折叠按钮,然后选择所需的单元格,还可以直接在文本框中输入条件。

# 082

**突显重复值**

难度系数：
●●●●●

学习时间：
8分钟

## 要点导航：

当要从数据量庞大的工作表中查找重复值时，可以应用突显重复值来快速查找重复的数据。

**01** 选择 H5:H17 单元格区域，在"样式"组中单击"条件格式"按钮。

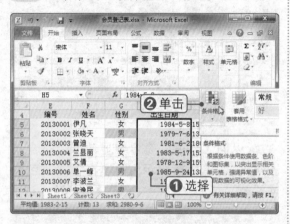

**02** 选择"突出显示单元格规则"选项，在其子菜单中选择"重复值"选项。

**03** 在弹出的对话框中设置重复值的单元格格式，单击"确定"按钮。

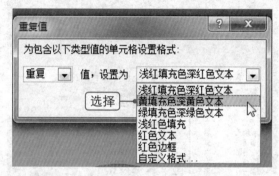

**04** 返回工作表查看，单元格中的"出生日期"字段重复值显示为黄填充色深黄色文本。

---

### 专家指点

**自定义突显格式**

在"重复值"对话框的"设置为"下拉列表中选择"自定义格式"选项，可以自定义单元格突显格式。

素材文件：工资发放记录.xlsx　　视频文件：突显一周以内的日期数据.swf

# 083

**难度系数：**
●●○○○

**学习时间：**
8分钟

# 突显一周以内的日期数据

**要点导航：**

当单元格中的数据较多时，要查找某一段时期内的数据比较困难。通过设置条件格式，可以快速突出显示要查找工作表中的日期。

**01** 选择单元格区域，在"样式"组中单击"条件格式"按钮，选择"突出显示单元格规则"|"发生日期"选项。

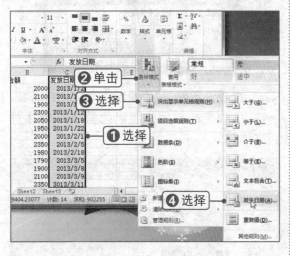

**03** 设置填充颜色为"绿填充色深绿色文本"，单击"确定"按钮。

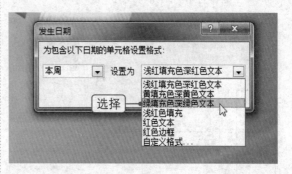

**04** 查看设置效果，本周日期数据的单元格显示为绿填充色深绿色文本格式。

**02** 弹出"发生日期"对话框，设置日期为"本周"。

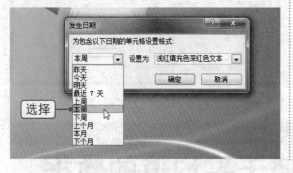

---

**专家指点**

**设置文本格式**

在设置格式时，可以在所选单元格区域中实时地预览应用格式后的变化，可以根据需要选择所需的格式。

素材文件：工资发放记录.xlsx　　　视频文件：突出显示数值最小的10%项.swf

# 084

难度系数：
●●●○○

学习时间：
8分钟

## 突出显示数值最小的10%项

**要点导航：**

在 Excel 2010 中，可以利用条件格式突出显示数值最小的 10% 项，如查看发放工资最少的 10% 的员工。

**01** 选择单元格区域，在"样式"组中单击"条件格式"按钮，选择"项目选取规则"|"值最小的 10% 项"选项。

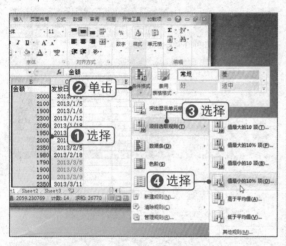

**02** 弹出"10% 最小值"对话框，设置百分比为 10%。

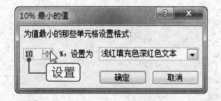

**03** 设置单元格格式为"黄填充色深黄色文本"，单击"确定"按钮。

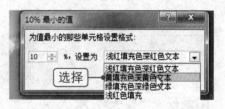

**04** 查看设置效果，"金额"列中 10% 的最小数值的单元格显示为黄填充色深黄色文本格式。

素材文件：光盘：素材文件/第4章/基本工资表.xlsx

# 085

难度系数：
●●●○○

学习时间：
10分钟

## 突显高于或低于平均值的数据

**要点导航：**

在统计数据时，经常需要查看哪些数据低于平均值，哪些数据高于平均值，这时可以通过条件格式功能突显高于或低于平均值的项。

**01** 选择单元格区域，在"样式"组中单击"条件格式"按钮。

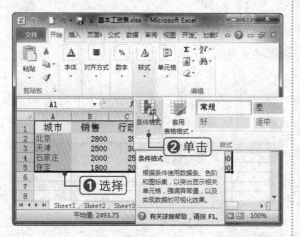

**02** 在弹出的下拉列表中选择"项目选取规则"|"高于平均值"选项。

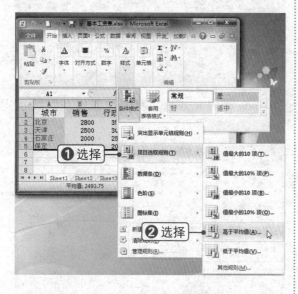

**03** 弹出"高于平均值"对话框，设置单元格格式，单击"确定"按钮。

**04** 同样，选择"项目选取规则"|"低于平均值"选项。

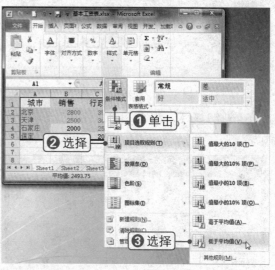

**05** 弹出"低于平均值"对话框，设置单元格格式，单击"确定"按钮。

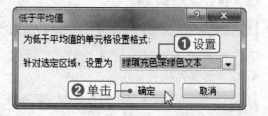

**06** 查看突显效果，高于平均值数据突出显示为黄填充色深黄色文本，低于平均值数据突出显示为绿填充色深绿色文本。

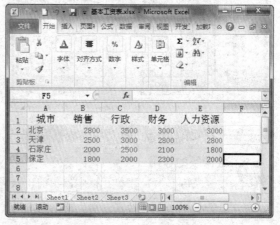

素材文件：工资发放记录.xlsx　视频文件：使用数据条快速分析数据.swf

# 086 使用数据条快速分析数据

难度系数：

学习时间：
10分钟

**要点导航：**

在 Excel 2010 中可以使用条件格式下的数据条功能将不同的数据醒目地显示出来，直观地展现数据的大小情况。

**01** 打开素材文件,下面将工作表中"金额"列的数据大小通过数据条的形式显示出来。

**02** 选择单元格区域，在"样式"组中单击"条件格式"按钮。

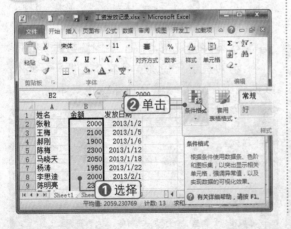

**03** 选择"数据条"选项，在子列表中选择所需的样式。

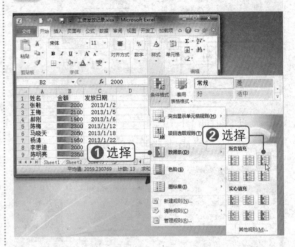

**04** 查看填充效果，单元格数值以数据条的形式显示。

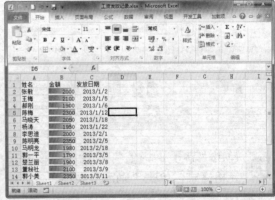

---

**专家指点**

**数据条的作用**

数据条的长度代表单元格中的数值，数据条越长，表示数值越大；数据条越短，表示数值越小。在分析大量数据中的较大值和较小值时，数据条非常有用。

# 087

 素材文件：会员登记表.xlsx 　　视频文件：更改条件格式规则.swf

# 更改条件格式规则

**难度系数：**

**学习时间：**
12分钟

**要点导航：**

　　对于工作表中已经设置好的条件格式规则，用户可以根据自己的需要进行更改。

**01** 选择 G5:G17 单元格区域，在"样式"组中单击"条件格式"按钮。

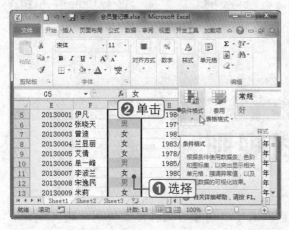

**02** 在条件格式下拉列表中选择"管理规则"选项。

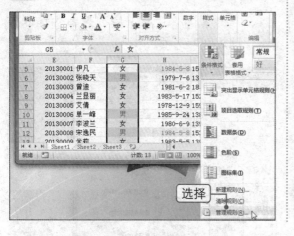

**03** 弹出"条件格式规则管理器"对话框，单击"编辑规则"按钮。

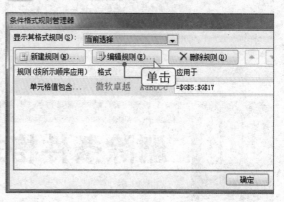

**04** 弹出"编辑格式规则"对话框，单击"预览"选项区右侧的"格式"按钮。

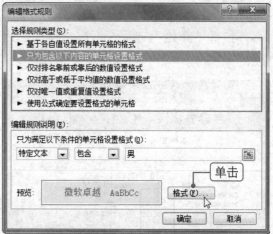

---

**专家指点**

**查找所有具有条件格式的单元格**

单击任何没有条件格式的单元格，在"开始"选项卡下"编辑"组中单击"查找和选择"下拉按钮，然后选择"条件格式"选项。

**05** 选择"填充"选项卡,设置背景色,单击"确定"按钮。

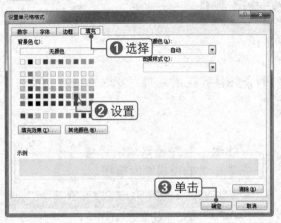

**06** 查看更改效果,单元格显示格式由绿填充变为紫色填充。

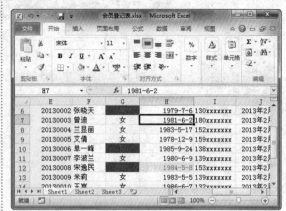

---

# 088

难度系数:

学习时间:
10分钟

素材文件:会员登记表.xlsx　　视频文件:删除条件格式规则.swf

# 删除条件格式规则

**要点导航:**

　　使用条件格式规则管理器不仅可以创建与编辑格式规则,还可以删除多余的格式规则。

**01** 选择"开始"选项卡,在"样式"组中单击"条件格式"按钮。

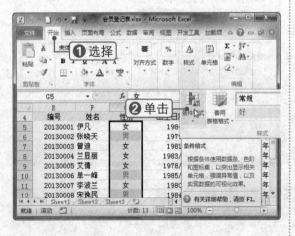

**02** 在"条件格式"下拉列表中选择"管理规则"选项。

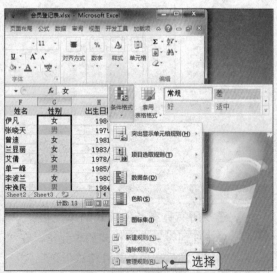

**03** 设置规则应用范围，单击"删除规则"按钮，然后单击"确定"按钮。

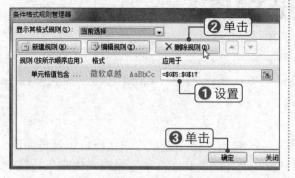

**04** 返回工作表，查看删除条件格式后的工作表，"性别"字段的格式被删除。

---

素材文件：学生信息表.xlsx　　视频文件：降序排列单元格数据.swf

# 089

**难度系数：**

**学习时间：**
6分钟

# 降序排列单元格数据

**要点导航：**

　　若要使工作表中的数据快速、有序地排列，通过单击Excel提供的"升序"、"降序"按钮即可实现。

**01** 在 F2:F17 单元格区域中选中任一单元格，选择"数据"选项卡，在"排序和筛选"组中单击"降序"按钮 ↓。

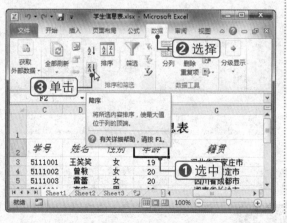

**02** 查看排序效果，"年龄"字段中的数据已经按照从大到小进行降序排列了。

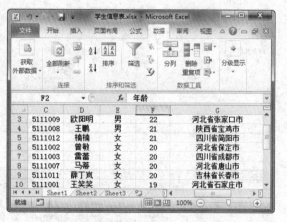

---

**专家指点**

**含有空白单元格的降序**

　　在 Excel 中进行降序排列时，如果在序列中存在空白单元格，那么在排序时会把空白单元格放置在最后。

# 090

素材文件：学生信息表.xlsx　　视频文件：按拼音首字母排序.swf

## 按拼音首字母排序

难度系数：

学习时间：
8分钟

**要点导航：**

在统计报表或数据的时候，可以根据需要将 Excel 表格中的数据按拼音首字母的顺序排列起来。

**01** 在 D2:D17 单元格区域中选中任一单元格，选择"数据"选项卡，在"排序和筛选"组中单击"排序"按钮。

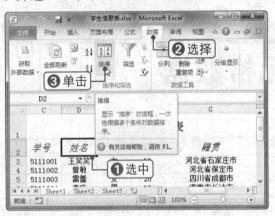

**02** 将"主要关键字"设置为"姓名"，"次序"设置为"降序"，单击"选项"按钮。

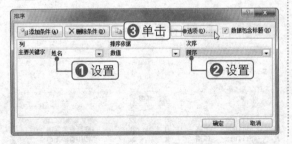

**03** 弹出"排序选项"对话框，设置排序的"方向"和"方法"，单击"确定"按钮。

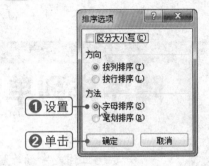

**04** 返回工作表，查看排序效果，姓名列数据已经按照拼音首字母进行排序了。

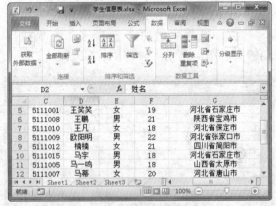

# 091

素材文件：学生信息表.xlsx　　视频文件：按字段进行筛选.swf

## 按字段进行筛选

难度系数：

学习时间：
8分钟

**要点导航：**

在 Excel 2010 中，可以对字段进行条件筛选，筛选出符合条件的数据，以便对这些数据进行单独分析。

**01** 在 F2:F17 单元格区域中选中任一单元格，选择"数据"选项卡，在"排序和筛选"组中单击"筛选"按钮。

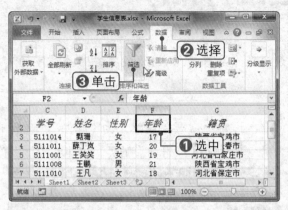

**02** 此时，各字段处于筛选状态，单击"年龄"筛选按钮。

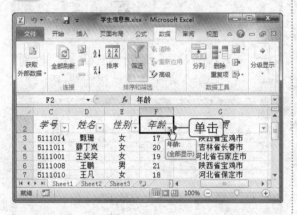

**03** 在弹出的列表中选择"数字筛选"|"大于或等于"选项。

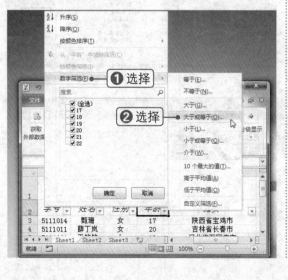

**04** 弹出"自定义自动筛选方式"对话框，设置筛选条件，单击"确定"按钮。

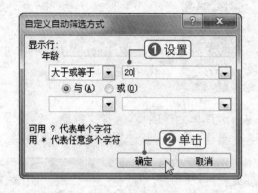

**05** 返回工作表，可以看到已经筛选出年龄大于或等于 20 岁的学生数据。

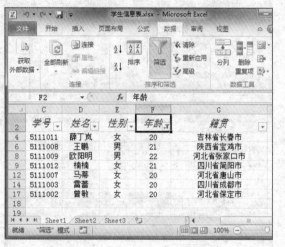

---

**专家指点**

**筛选数据的应用**

筛选数据后，不用重新排列或移动就可以进行复制、查找、编辑、设置格式、制作图表和打印等操作。

素材文件：学生信息表.xlsx  视频文件：按多个关键字进行排序.swf

# 092 按多个关键字进行排序

难度系数：
⬤⬤⬤⚪⚪

学习时间：
10分钟

**要点导航：**

在 Excel 2010 中，可以设置多个排序条件，Excel 将按照关键字的优先级进行排序。

**01** 选择单元格区域,选择"数据"选项卡，单击"排序和筛选"组中的"排序"按钮。

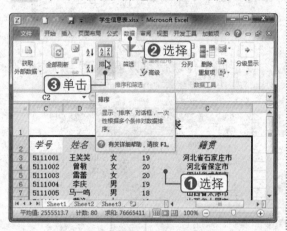

**02** 设置"主要关键字"的排序条件，单击"添加条件"按钮。

**03** 设置"次要关键字"为"年龄"，选择排序次序，单击"确定"按钮。

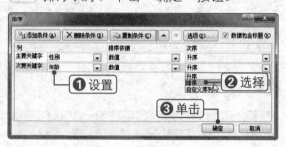

**04** 查看排序效果。单元格已经按照"性别"和"年龄"两个关键字进行排序了。

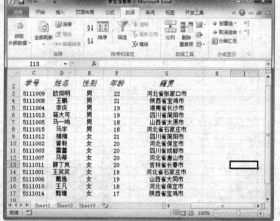

 素材文件：工资发放记录xlsx  视频文件：筛选数据中的最大值.swf

# 093 筛选数据中的最大值

难度系数：
⬤⬤⚪⚪⚪

学习时间：
8分钟

**要点导航：**

在 Excel 表格中，若要从大量数据中筛选出几个最大值，使用"排序和筛选"组中的"筛选"功能即可实现。

**01** 选择单元格区域,选择"数据"选项卡,在"排序和筛选"组中单击"筛选"按钮。

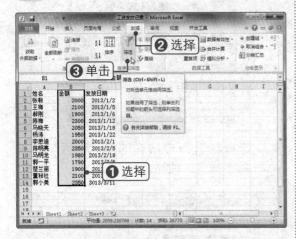

**02** 单击"金额"右侧的筛选按钮,选择"数字筛选" | "10 个最大的值"选项。

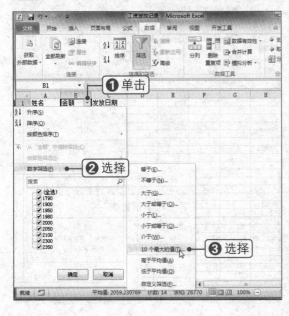

**03** 设置筛选条件为"最大 2 项",单击"确定"按钮。

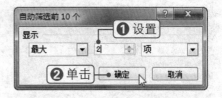

**04** 查看筛选结果,金额最大的前 2 名的数据已经筛选出来了。

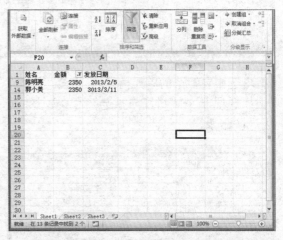

### 专家指点

**筛选类型**

使用自动筛选可以创建三种筛选类型:按值列表、按格式或按条件。对于每个单元格区域或列表来说,这三种筛选类型是互斥的。例如,不能既按单元格颜色又按数字列表进行筛选,只能在两者中任选其一;不能既按图标又按自定义筛选进行筛选,只能在两者中任选其一。

素材文件:学生信息表.xlsx　　视频文件:高级筛选的应用.swf

# 094 高级筛选的应用

难度系数:

学习时间:
10分钟

**要点导航:**

高级筛选功能主要是针对复杂条件进行筛选,它作为一般筛选的补充,可以得到一般筛选无法得到的结果。

**01** 在表格下面的空白单元格区域中输入筛选条件。

**02** 选中要筛选的单元格区域,选择"数据"选项卡,在"排序与筛选"组中单击"高级"按钮。

**03** 弹出"高级筛选"对话框,单击"条件区域"右侧的折叠按钮。

**04** 选择筛选条件所在的单元格区域,单击"确定"按钮。

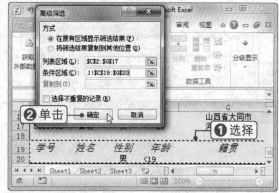

**05** 查看筛选结果,可以看到已经筛选出"性别为男,年龄 <19"的学生数据。

---

素材文件:电脑销售表.xlsx　　　视频文件:按字段分类汇总.swf

# 095 按字段分类汇总

难度系数:
●●●○○

学习时间:
10分钟

**要点导航:**

在制作报表时,经常需要对一些数据进行汇总分析,这时使用Excel中的"分类汇总"功能即可轻松实现。

**01** 选中 A2:A10 单元格区域中的任一单元格，选择"数据"选项卡，在"排序和筛选"组中单击"降序"按钮 升。

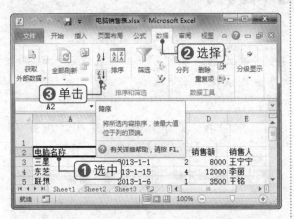

**02** 此时，工作表中的"电脑名称"字段以降序排列。

**03** 选中任一单元格，在"分级显示"组中单击"分类汇总"按钮。

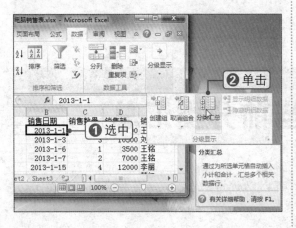

**04** 设置"分类字段"为"电脑名称"，"汇总方式"为"求和"。

**05** 设置"选定汇总项"为"销售数量"，单击"确定"按钮。

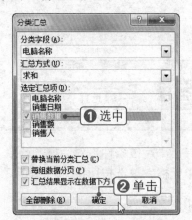

**06** 返回工作表，可以看到数据已经按照要求进行了分类汇总。

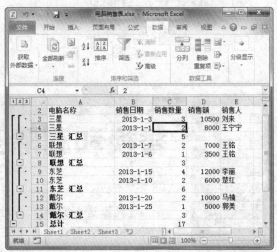

素材文件：电脑销售表—分类汇总.xlsx　 视频文件：复制分类汇总结果.swf

# 096 复制分类汇总结果

难度系数：●●○○○

学习时间：
8分钟

**要点导航：**

　　进行分类汇总后，可以复制分类汇总结果到另一工作表中进行数据分析，这样原来的汇总结果就不会因误操作被更改。

**01** 选择分类汇总的单元格区域，单击"查找和选择"下拉按钮，选择"定位条件"选项。

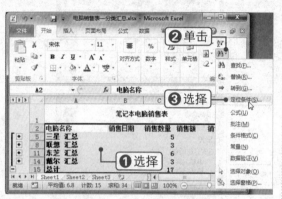

**02** 弹出"定位条件"对话框，选中"可见单元格"单选按钮，单击"确定"按钮。

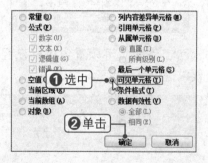

**03** 前面选择的单元格区域中出现虚线边框，按【Ctrl+C】组合键复制数据。

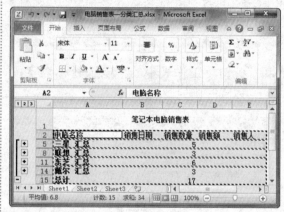

**04** 切换到 Sheet2 工作表，按【Ctrl+V】组合键粘贴数据。

素材文件：光盘：素材文件/第4章/电脑销售表—分类汇总.xlsx

# 097 替换和删除当前分类汇总

难度系数：●●●○○

学习时间：
10分钟

**要点导航：**

　　对数据进行分类汇总后，可以以新的汇总方式来替换当前汇总结果，还可以根据需要删除分类汇总。

**01** 查看当前工作表汇总方式为对电脑销售数量的求和汇总，选中分类汇总中的任一单元格。

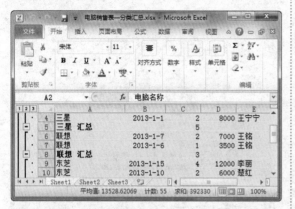

**02** 选择"数据"选项卡，在"分级显示"组中单击"分类汇总"按钮。

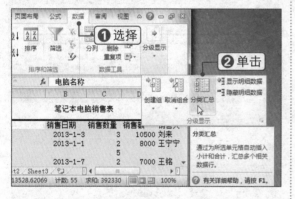

**03** 将"汇总方式"设置为"最大值"，选中"替换当前分类汇总"复选框，单击"确定"按钮。

**04** 返回工作表，可以看到分类汇总方式已改为"最大值"。

**05** 再次打开"分类汇总"对话框，单击"全部删除"按钮。

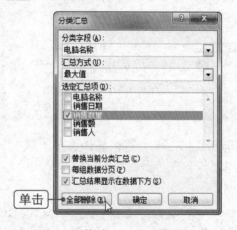

**06** 返回工作表，可以看到分类汇总已被删除。

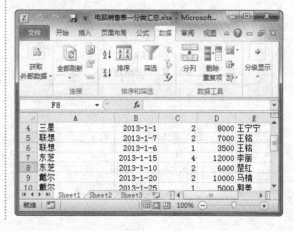

素材文件：电脑销售表.xlsx

视频文件：分级组合数据.swf

# 098 分级组合数据

难度系数：

学习时间：
8分钟

**要点导航：**

　　不使用"分类汇总"功能也能将数据进行分级组合。单击分级组合数据后的工作表左侧的数据按钮，可以查看或隐藏数据明细。

**01** 选中 A2:A10 单元格区域任一单元格，选择"数据"选项卡，在"排序和筛选"组中单击"升序"按钮。

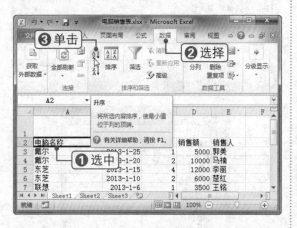

**02** 选择 A3:E3 单元格区域，选择"数据"选项卡，在"分级显示"组中单击"创建组"按钮。

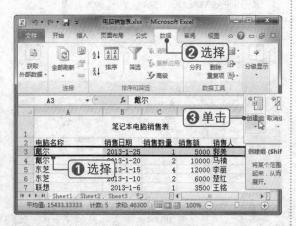

**03** 弹出"创建组"对话框，选中"行"单选按钮，单击"确定"按钮。

**04** 此时，A3:E3 单元格区域已组合，在行号左侧显示折叠按钮。

**05** 采用同样的方法，将其他区域逐一组合起来。

**06** 单击数字按钮，可以查看相应级别的数据。

素材文件：电脑销售表.xlsx　　　视频文件：创建数据透视表.swf

# 099 创建数据透视表

**难度系数：**
●●●○○

**学习时间：**
10分钟

**要点导航：**

数据透视表是一种对大量数据快速汇总和建立交叉列表的交互式表格，能够帮助用户快速地分析与组织数据，并从不同的角度对数据进行分类汇总。

**01** 选择 A2:A10 单元格区域，选择"插入"选项卡，单击"数据透视表"下拉按钮，选择"数据透视表"选项。

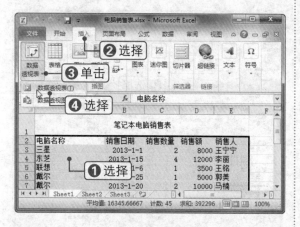

**02** 选中"现有工作表"单选按钮，单击"位置"右侧的折叠按钮。

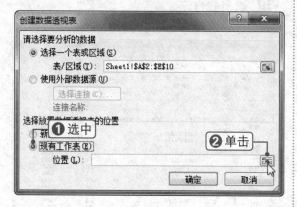

**03** 选择 Sheet2 工作表，选中 A1 单元格，再次单击折叠按钮。

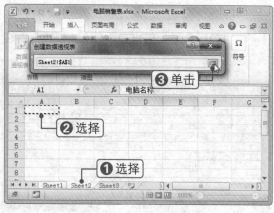

**04** 此时，在 Sheet2 工作表中可以看到空的数据透视表。

**05** 在右侧窗格中添加数据透视表字段，查看数据透视表效果。

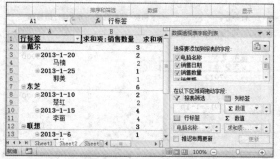

# 100

难度系数：

学习时间：
8分钟

# 更改数据透视表布局

**要点导航：**

数据透视表创建完成后，还可以对其布局进行更改，如更改分类汇总的显示，更改报表布局等。

**01** 选择"设计"选项卡，在"布局"组中单击"分类汇总"下拉按钮，选择"在组的底部显示所有分类汇总"选项。

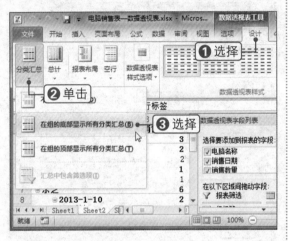

**02** 此时，在各组数据下方出现分类汇总的结果。

**03** 在"布局"组中单击"报表布局"下拉按钮，选择"以大纲形式显示"选项。

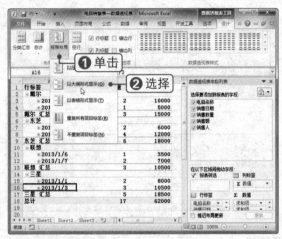

**04** 查看设置效果，更改布局后报表以大纲形式显示。

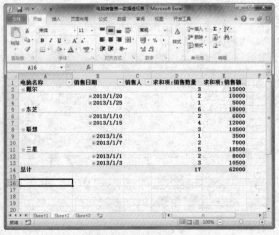

# 101

难度系数：
●●○○○

学习时间：
8分钟

## 添加切片器

**要点导航：**

切片器是 Excel 2010 的新增功能，它提供了一种可视性极强的筛选方法来筛选数据透视表中的数据。

---

**01** 将光标定位于数据透视表中，在"选项"选项卡下"排序和筛选"组中单击"插入切片器"按钮。

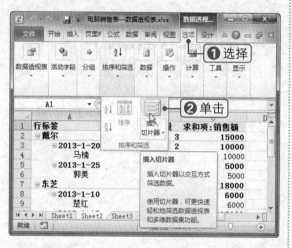

**02** 在弹出的对话框中选中字段名称，单击"确定"按钮。

**03** 插入多个切片器，每个字段对应一个切片器。

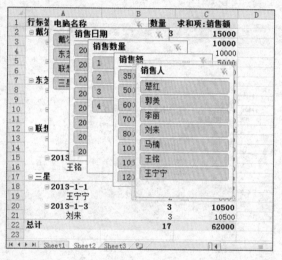

**04** 选中任一切片器，按【Delete】键即可将其删除，如删除"销售人"切片器。

---

# 102

**难度系数：**

**学习时间：**
　　8分钟

素材文件：光盘：素材文件/第4章/电脑销售表—添加切片器.xlsx

视频文件：光盘：视频文件/第4章/使用切片器筛选数据.swf

# 使用切片器筛选数据

**要点导航：**

　　插入切片器后，可以使用切片器中的按钮对数据进行快速分段和筛选。对数据透视表应用多个筛选器之后，不再需要打开一个列表来查看对数据所应用的筛选器，这些筛选器会显示在屏幕的切片器上。

**01** 单击某字段的切片器，选择要进行筛选的选项。

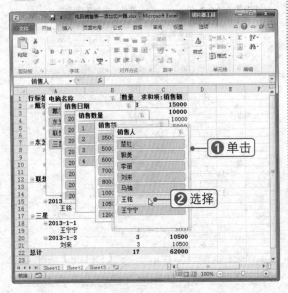

**02** 可以看到筛选出来的数据以较深的颜色显示，移动切片到适当的位置，以便查看数据。

**03** 按住【Ctrl】键的同时在"销售人"字段切片器中单击其他选项，可以增加筛选条件。

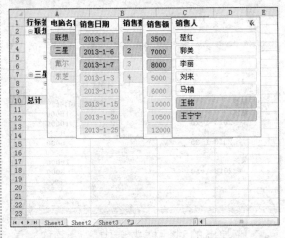

**04** 单击"清除筛选器"按钮，即可取消切片器筛选。

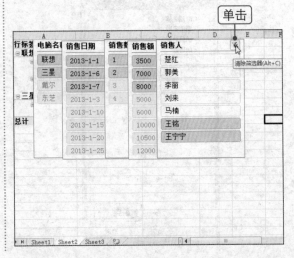

# 103

**难度系数:**
● ○ ○ ○ ○

**学习时间:**
6分钟

素材文件: 光盘: 素材文件/第4章/电脑销售表—取消总计显示后.xlsx

视频文件: 光盘: 视频文件/第4章/取消数据透视表中总计的显示.swf

# 取消数据透视表中总计的显示

**要点导航:**

在 Excel 2010 中,数据透视表中的总计是对各字段值的求和,以方便查看总的数值结果。如果不需要显示总计,也可以将其取消。

---

**01** 打开素材文件,在数据透视表中可以看到包含"总计"行。

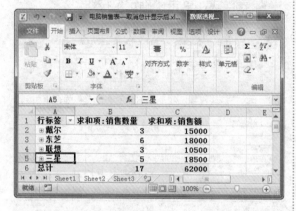

**02** 右击数据透视表,选择"数据透视表选项"命令。

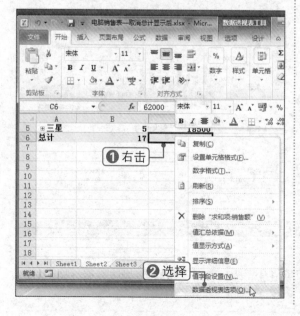

**03** 选择"汇总和筛选"选项卡,取消选择"显示列总计"复选框,单击"确定"按钮。

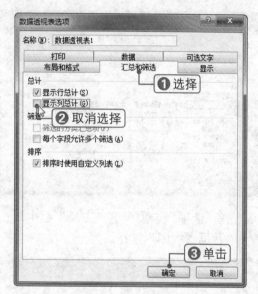

**04** 返回工作表,可以看到总计行已被删除。

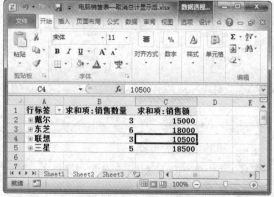

素材文件：光盘：素材文件/第4章/电脑销售表—数据透视表.xlsx

视频文件：光盘：视频文件/第4章/创建数据透视图.swf

# 104

**难度系数：**
●●●○○

**学习时间：**
10分钟

# 创建数据透视图

**要点导航：**

数据透视图可以在数据透视表中使数据可视化，并且可以方便地进行查看比较、模式和趋势。在数据透视图中可以对数据进行排序或筛选，以显示数据的子集。

**01** 将光标定位到数据透视表中，选择"选项"选项卡。

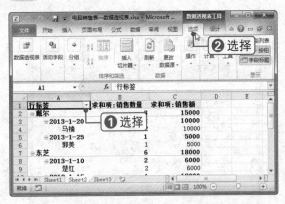

**02** 在"选项"选项卡下"工具"组中单击"数据透视图"按钮。

**03** 在左侧选择图表类型，在右侧选择图表样式，单击"确定"按钮。

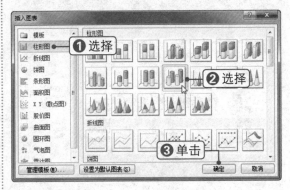

**04** 返回工作表，查看创建的数据透视图效果。

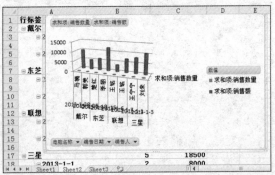

---

**专家指点**

**删除数据透视图**

选中要删除的数据透视图，按【Delete】键即可将其删除。需要注意的是，删除数据透视图后，不会自动删除相关联的数据透视表。

# 105

**难度系数：**

**学习时间：**
8分钟

素材文件：光盘：素材文件/第4章/电脑销售表－数据透视表.xlsx

视频文件：光盘：视频文件/第4章/筛选数据透视图中的数据.swf

## 筛选数据透视图中的数据

**要点导航：**

在数据透视图中，可以对字段进行筛选，以便更清晰地对比数据。下面将介绍如何筛选数据透视图中的数据。

**01** 单击"电脑名称"下拉按钮，在弹出的列表中对名称进行筛选，单击"确定"按钮。

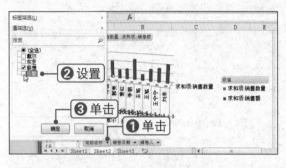

**02** 查看筛选结果，数据透视图中只显示与"联想"有关的数据。

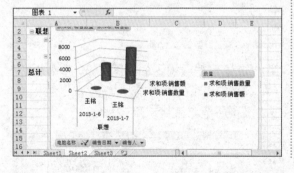

**03** 单击"电脑名称"下拉按钮，选择"值筛选"|"大于"选项。

**04** 设置筛选条件，单击"确定"按钮，即可按指定条件筛选数据。

# 106

**难度系数：**

**学习时间：**
15分钟

素材文件：光盘：素材文件/第4章/电脑销售表－数据透视图.xlsx

## 美化数据透视图

**要点导航：**

在 Excel 中，可以根据需要对数据透视图进行美化，如应用内置的图表样式，添加形状样式，添加艺术字样式，设置图表中各元素的格式等。

**01** 选中数据透视图,选择"设计"选项卡,在"图表样式"组中单击"快速样式"按钮,选择所需的样式。

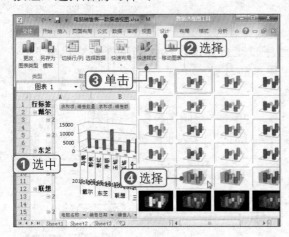

**02** 此时,即可查看应用了样式后的数据透视表效果。

**03** 选择"格式"选项卡,在"形状样式"组中单击"其他"按钮,选择所需的形状样式。

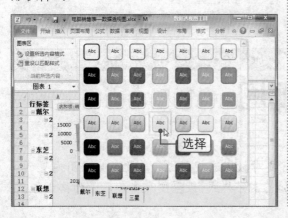

**04** 此时,即可查看应用了形状样式后的图表区效果。

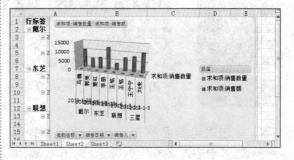

**05** 在"艺术字样式"组中单击"快速样式"按钮,选择所需的艺术字样式。

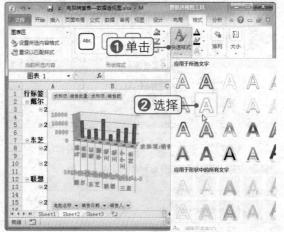

**06** 选中数据透视图的绘图区,选择"布局"选项卡,在"当前所有内容"组中单击"设置所选内容格式"按钮。

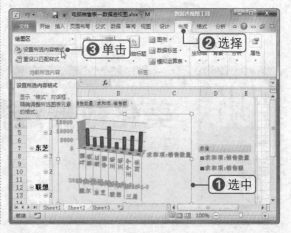

**07** 在左侧选择"填充"选项，在右侧设置渐变填充。

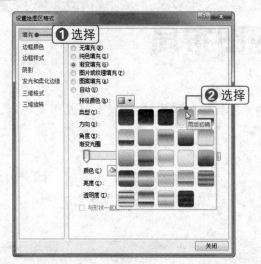

**08** 在左侧选择"阴影"选项，在右侧设置阴影效果，单击"关闭"按钮。

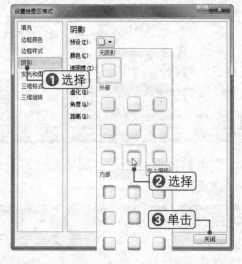

**09** 查看绘图区设置效果，此时绘图区已应用了设置的填充颜色和阴影效果。

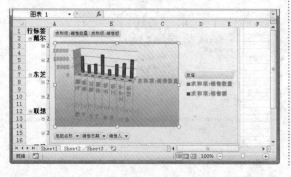

**10** 选中数据透视图的图表区，单击"设置所选内容格式"按钮。

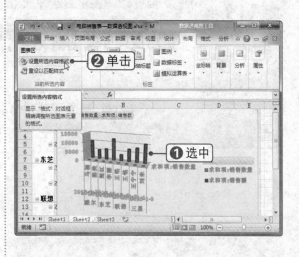

**11** 在左侧选择"填充"选项，在右侧设置渐变填充，单击"关闭"按钮。

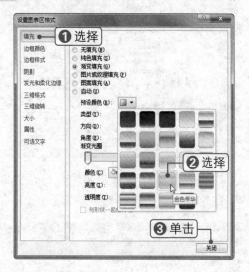

**12** 返回工作表，可以看到图表区应用了设置的填充效果。

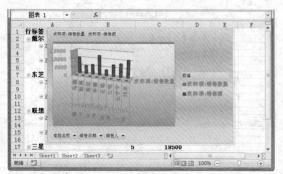

**107**

难度系数:
⬤⬤⬤○○

学习时间:
10分钟

素材文件: 光盘: 素材文件/第4章/电脑销售表—数据透视图.xlsx

视频文件: 光盘: 视频文件/第4章/更改数据透视图布局.swf

# 更改数据透视图布局

要点导航:

在 Excel 中,可以根据需要更改数据透视图的布局,如修改图表标题,调整图例,以及调整坐标轴等。

**01** 选中数据透视图,选择"布局"选项卡,在"标签"组中单击"图标标题"下拉按钮,选择"图表上方"选项。

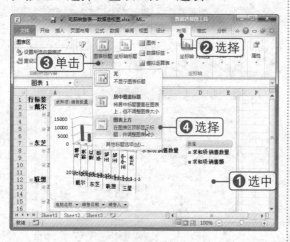

**02** 在"图标标题"文本框中输入标题文本,在此输入"电脑销售清单"。

**03** 在"标签"组中单击"图例"下拉按钮,选择"在左侧显示图例"选项。

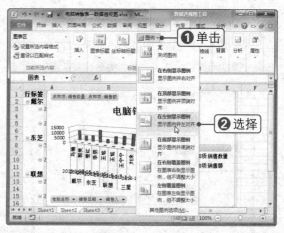

**04** 查看数据透视图,图例项已经移至数据透视图的左侧。

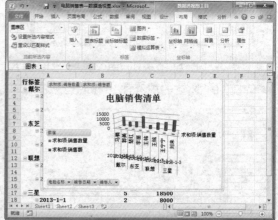

精彩无限，从这里开始……

# 第5章

# Excel公式与函数使用秘笈

公式和函数是 Excel 的重要组成部分。公式是根据用户需求对工作表中的数值进行计算的等式，可以通过公式对工作表中的数值进行各种运算。函数是预先定义的执行统计、分析等处理数据任务的内部工具。熟练地运用公式与函数对数据的计算尤为重要，本章将详细介绍 Excel 中公式和函数的运用技巧。

素材文件：工资表.xlsx  视频文件：填充复制公式.swf

# 108 填充复制公式

难度系数：●●●●○

学习时间：10分钟

**要点导航：**

在工作表中创建公式后，如果在同行或同列中仍需要应用相同或类似的公式，则不需要再逐个重复输入，通过填充复制公式即可。

**01** 在 G5 单元格中输入公式，然后按【Enter】键。

**02** 向下拖动单元格右下角的填充柄，即可填充复制公式。

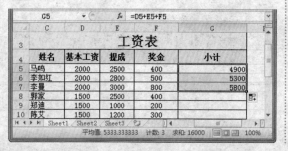

**03** 释放鼠标后，单元格中显示出每个人的工资金额。

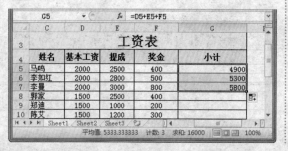

**04** 选择 G7 单元格，在"剪贴板"组中单击"复制"按钮。

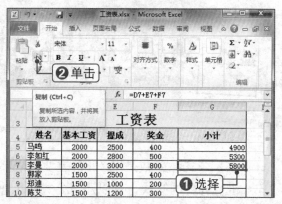

**05** 选择 G8:G10 单元格区域，在"剪贴板"组中单击"粘贴"下拉按钮，单击"公式"按钮。

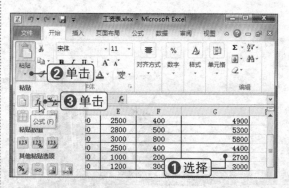

**06** 公式粘贴到所选区域，查看复制效果，单元格中正确计算出了"小计"结果。

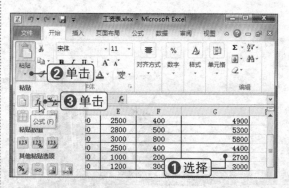

素材文件：工资表.xlsx　　　视频文件：隐藏公式.swf

# 109 隐藏公式

**难度系数：**
●●●●○

**学习时间：**
10分钟

**要点导航：**

　　　　选中包含公式的单元格后，在编辑栏中就会显示出公式，用户可以根据需要将公式隐藏起来。

**01** 选中 G5:G10 单元格区域中任一单元格，在编辑栏中显示公式。

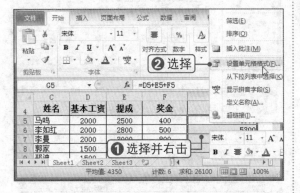

**02** 选择 G5:G10 单元格区域并右击，选择"设置单元格格式"命令。

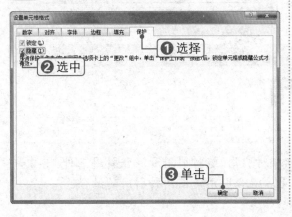

**03** 选择"保护"选项卡，选中"隐藏"复选框，单击"确定"按钮。

**04** 选择"审阅"选项卡，在"更改"组中单击"保护工作表"按钮。

**05** 弹出"保护工作表"对话框，保持默认设置不变，单击"确定"按钮。

**06** 选中 G5:G10 单元格区域中任一单元格，在编辑栏将不再显示公式。

素材文件：工资表.xlsx　　 视频文件：只显示公式不显示结果.swf

# 110

难度系数：

学习时间：
6分钟

## 只显示公式不显示结果

**要点导航：**

在含有公式的工作表中，用户可以设置单元格，使其只显示公式而不显示计算结果。

**01** 选择 G5:G10 单元格区域，选择"公式"选项卡，在"公式审核"组中单击"显示公式"按钮。

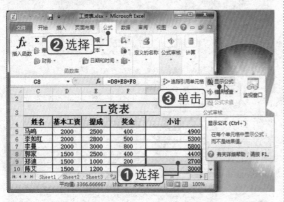

**02** 此时，工作表中的 G5:G10 单元格区域只显示公式而非公式计算结果。

**03** 也可打开"Excel 选项"对话框，在左侧选择"高级"选项，在右侧选中"在单元格中显示公式而非其计算结果"复选框，单击"确定"按钮。

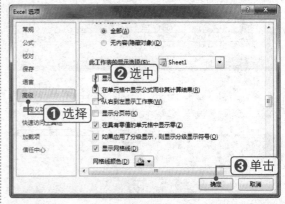

**04** 此时，工作表中的 G5:G10 单元格区域只显示公式而非公式计算结果。

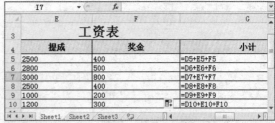

 素材文件：工资表.xlsx　　 视频文件：单元格的引用.swf

# 111

难度系数：

学习时间：
15分钟

## 单元格的引用

**要点导航：**

Excel单元格的引用包括相对引用、绝对引用和混合引用三种。其中，相对引用和绝对引用比较常见，混合引用是前两种引用的结合。

**01** 在 G5 单元格中输入公式，在此输入 "=D3+E3+F3"。

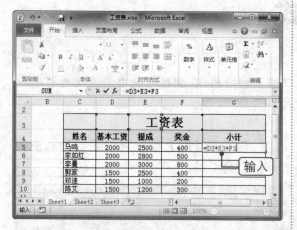

**02** 将公式复制到 G6 单元格，此时公式中的相对位置发生变化（即为相对引用）。

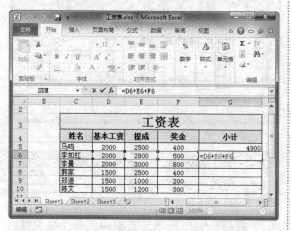

**03** 选择 G7 单元格，在单元格中输入公式时分别在行号和列标前加 "$" 符号。

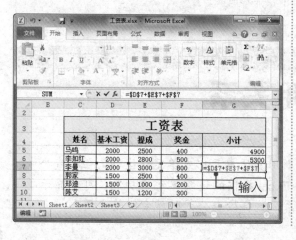

**04** 复制公式到 G8 单元格，其计算结果将不会发生变化（即为绝对引用）。

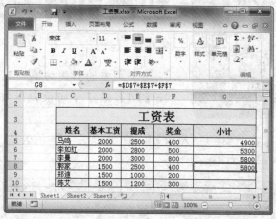

**05** 选择 G9 单元格，在单元格中输入混合引用公式。

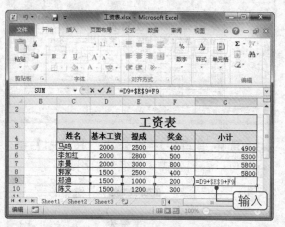

**06** 复制公式到 G10 单元格，即可看到公式中部分单元格引用发生了变化，部分引用保持不变（即为混合引用）。

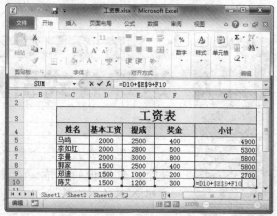

素材文件：工资表—单元格引用.xlsx   视频文件：切换引用方式.swf

# 112

**难度系数：** ●●●○○

**学习时间：** 8分钟

## 切换引用方式

**要点导航：**

公式中的引用方式是可以相互切换的，在编辑栏选中要更改的引用，按【F4】键即可切换引用方式。

**01** 选中 G5 单元格，在编辑栏中显示公式为相对引用。

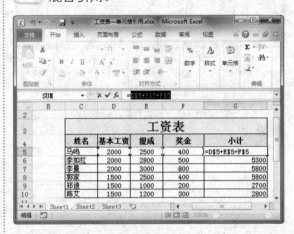

**03** 再次按【F4】键，可以看到公式变为混合引用。

**02** 选中编辑栏中的公式，按【F4】键，可以看到公式变为绝对引用。

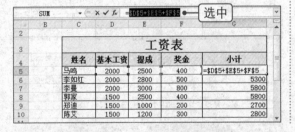

### 专家指点

**更改为其他单元格引用**

双击包含公式的单元格，Excel 会使用不同颜色突出显示公式引用的每个单元格或单元格区域。若要更改引用，可将单元格或单元格区域的彩色边框标记拖到新的单元格即可。

 素材文件：工资表.xlsx   视频文件：追踪公式引用关系.swf

# 113

**难度系数：** ●●●○○

**学习时间：** 12分钟

## 追踪公式引用关系

**要点导航：**

在很多公式中，都需要引用其他单元格或单元格区域，但检查公式是个比较麻烦的事情。通过 Excel 提供的追踪单元格功能，可以显示单元格之间的引用和被引用关系，这样检查公式时就会比较方便。

**01** 选中 G5 单元格，选择"公式"选项卡，在"公式审核"组中单击"追踪应用单元格"按钮。

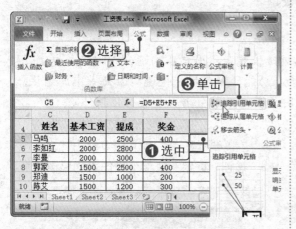

**04** 选择 G5 单元格，在"公式审核"组中单击"移去箭头"下拉按钮，选择"移去引用单元格追踪箭头"选项。

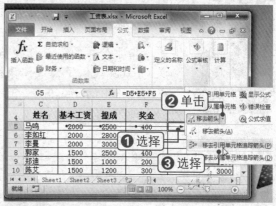

**02** 在工作表中显示出指向 G5 单元格的引用箭头。

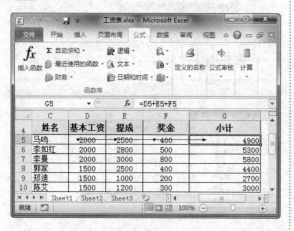

**05** 选择 D6 单元格，在"公式审核"组中单击"追踪从属单元格"按钮。

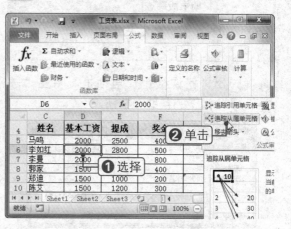

**03** 更改 G9 单元格中的公式，在此输入"=D6+E9+F9"。

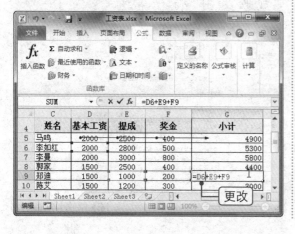

**06** 在工作表中显示出 D6 单元格的从属箭头，追踪箭头分别指向 G6 和 G9 单元格。

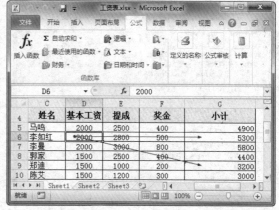

素材文件：期末成绩表.xlsx　　　　视频文件：检查公式错误.swf

# 114 检查公式错误

难度系数：

学习时间：
10分钟

**要点导航：**

由于公式的运算符和参数比较复杂，用户在构造公式时极易发生错误。Excel 提供了公式错误检查功能，帮助用户快速排除公式中的错误。当单元格中的公式出现错误时，其左侧就会出现智能标记按钮。

**01** 选择"公式"选项卡，在"公式审核"组中单击"错误检查"按钮。

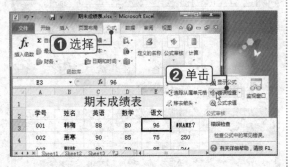

**02** 弹出"错误检查"对话框，单击"关于此错误的帮助"按钮。

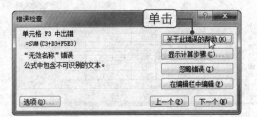

**03** 打开"Excel 帮助"窗口，在窗口中可以查看帮助信息。

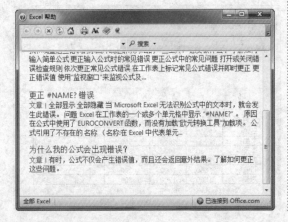

**04** 在"错误检查"对话框中单击"下一个"按钮，直到完成整个工作簿的错误检查。

**05** 单击公式左侧的感叹号标识 ◈，可以查看错误信息并进行相应的操作。

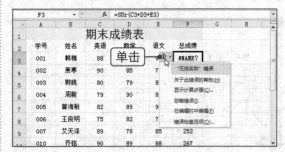

**06** 打开"Excel 选项"对话框，在左侧选择"公式"选项，在右侧设置错误检查规则，单击"确定"按钮。

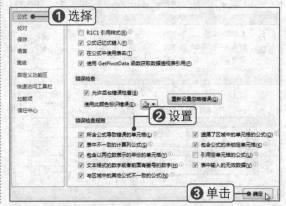

# 115

**合并单元格内容**

素材文件：入学信息表.xlsx　　视频文件：合并单元格内容.swf

**难度系数：**
●●●○○○

**学习时间：**
8分钟

**要点导航：**

为了方便查看数据，有时需要将两个单元格的内容合并到一个单元格中。使用运算符可以轻松实现两个单元格的合并。

**01** 选择 H3 单元格，输入公式 "=G3&"-"&D3"，按【Enter】键。

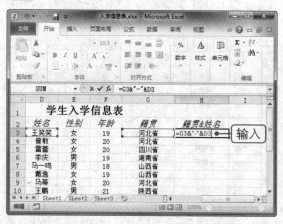

**03** 选择 H3 单元格，向下拖动其右下角的填充柄。

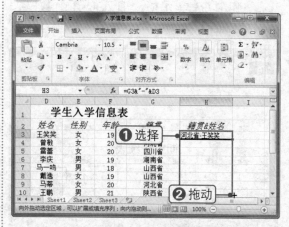

**02** 将 D3 和 G3 单元格的内容合并，查看效果。

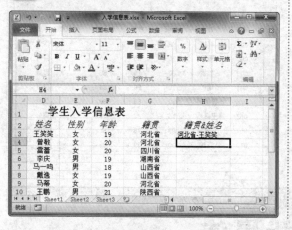

**04** 此时，G 列中内容和 D 列中内容合并到 H 列的对应单元格中。

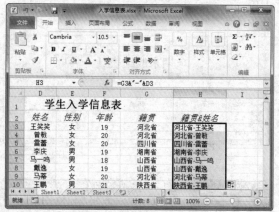

---

**专家指点**

**Excel中的常用运算符**

Excel 中包含四种类型的运算符：算术运算符、比较运算符、文本运算符和引用运算符。算术运算符用于完成基本的数学运算；比较运算符用于比较两个值；文本运算符（&）连接一个或多个文本字符串；引用运算符可以对单元格区域进行合并计算。

# 116

 素材文件：期末成绩表.xlsx　　　 视频文件：嵌套函数的应用.swf

## 嵌套函数的应用

**要点导航：**

　　嵌套函数是指在某些情况下可能需要将某个函数作为另一函数的参数使用，它返回的数值类型必须与参数使用的数值类型相同。在处理复杂问题时，若一个或两个函数的单独使用无法有效的解决问题，就可以通过使用嵌套函数来解决。

**01** 选中 G3 单元格，输入嵌套函数，按【Enter】键。

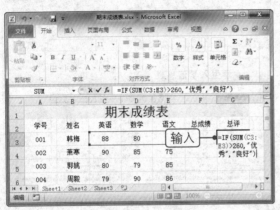

**02** 查看嵌套函数运行结果，总成绩 >260，显示优秀。

**03** 选中 G3 单元格，向下拖动其右下角的填充柄。

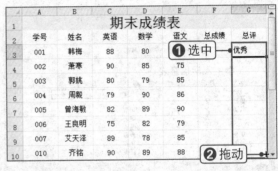

**04** 查看函数填充结果，总成绩 >260，显示"优秀"；总成绩 <260，显示"良好"。

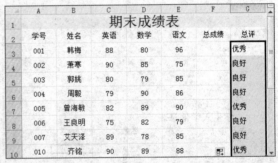

---

# 117

 素材文件：工资表.xlsx　　　 视频文件：使用函数查找最值.swf

## 使用函数查找最值

**要点导航：**

　　在统计数据时，如果数据量较大，查找最值会比较麻烦，还容易出错。这时，可以使用函数查找最大值或最小值，操作起来既简单又准确。

**01** 选中 G3 单元格,在编辑栏左侧单击"插入函数"按钮 ƒx。

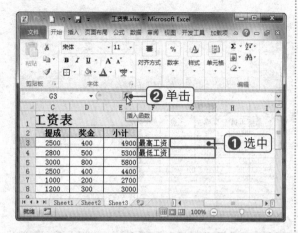

**04** 返回工作表,G3 单元格计算出最高工资。

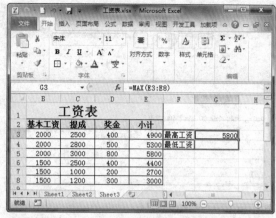

**02** 选择"统计"类别下的 MAX 函数,单击"确定"按钮。

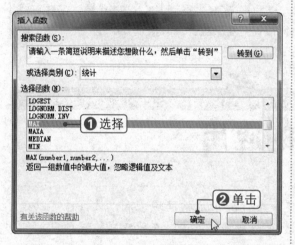

**05** 选中 G4 单元格,单击"插入函数"按钮 ƒx。

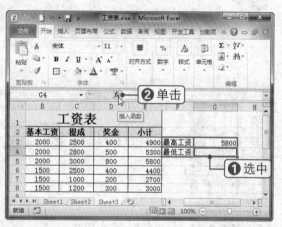

**03** 单击 Number1 文本框右侧的折叠按钮，选择单元格区域,然后单击"确定"按钮。

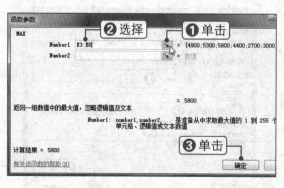

**06** 选择"统计"类别下的 MIN 函数,单击"确定"按钮。

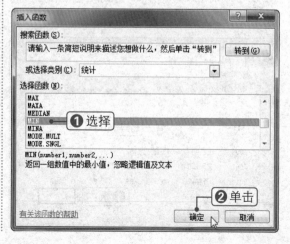

**07** 按照前面的方法，设置最小值的函数参数，单击"确定"按钮。

**08** 返回工作表，G4单元格中计算出最低工资。

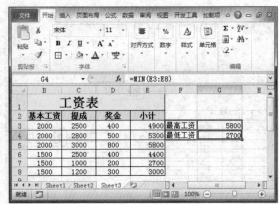

---

### 专家指点

**函数**

函数是预先编写的公式，可以对一个或多个值执行运算，并返回一个或多个值。函数可以简化和缩短工作表中的公式，尤其在用公式执行很长或复杂的计算时特别有用。

---

素材文件：期末成绩表.xlsx　　　视频文件：SUMIF函数的应用.swf

# 118

**难度系数：**
● ● ● ● ●

**学习时间：**
8分钟

# SUMIF函数的应用

**要点导航：**

SUMIF 函数可对满足某一条件的单元格区域求和，该条件可以是数值、文本或表达式。该函数可以应用在人事、工资或成绩统计中。

**01** 选中 F11 单元格，单击编辑栏左侧的"插入函数"按钮 $f_x$。

**02** 选择"数学与三角函数"类别，选择 SUMIF 函数，单击"确定"按钮。

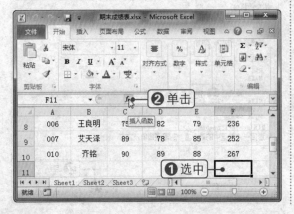

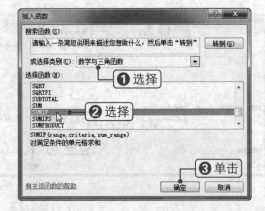

**03** 在弹出的对话框中设置函数参数，单击"确定"按钮。

**04** 返回工作表查看结果，F11 单元格中显示出计算结果。

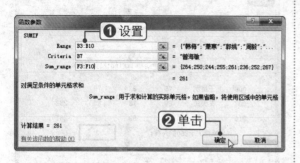

---

**专家指点**

**SUMIF函数语法**

语法：SUMIF(range,criteria,[sum_range])。其中，参数 range 和参数 criteria 是必需的，sum_range 是可选的。

---

**119**

难度系数：
●●○○○

学习时间：
8分钟

素材文件：期末成绩表.xlsx　　视频文件：COUNTIF函数的应用.swf

# COUNTIF函数的应用

**要点导航：**

COUNTIF 函数可以用来计算给定区域内满足特定条件单元格的数目。例如，在成绩表中计算每位学生取得优秀成绩的课程数；在工资表中计算基本工资在 2000 元以上的员工人数等。

**01** 选中 E11 单元格，单击编辑栏左侧的"插入函数"按钮 *fx*。

**02** 选择"统计"类别，选择 COUNTIF 函数，单击"确定"按钮。

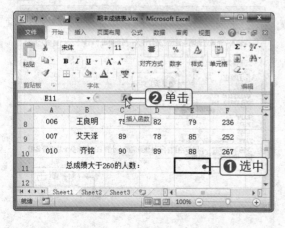

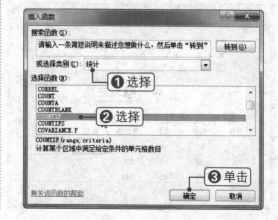

**03** 弹出"函数参数"对话框，设置函数参数，单击"确定"按钮。

**04** 查看计算结果，在E11单元格中计算出总成绩>260的人数。

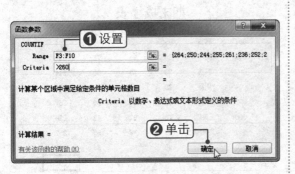

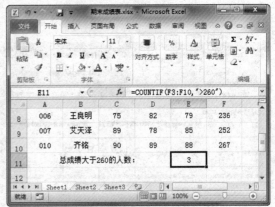

---

**专家指点**

**COUNTIF函数语法**

语法：COUNTIF（区域，条件）。"区域"是要在其中对满足给定条件的单元格进行计数的单元格区域，"条件"是确定是否对区域中给定的单元格进行计数的数字、日期或表达式。

---

素材文件：光盘：素材文件/第5章/期末成绩表－RANK.AVG.xlsx

# 120 RANK.AVG函数的应用

**难度系数：**

**学习时间：**
8分钟

**要点导航：**

RANK.AVG 函数返回一个数字在数字列表中的排位，其大小相对于列表中的其他值。如果有一个以上的值排位相同，则返回平均排位。

**01** 选中G3单元格，单击编辑栏左侧的"插入函数"按钮 $f_x$。

**02** 选择"统计"类别，选择RANK.AVG函数，单击"确定"按钮。

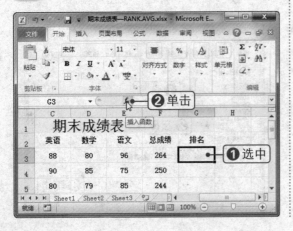

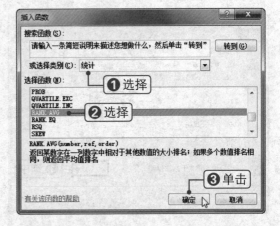

**03** 弹出"函数参数"对话框，设置函数参数，单击"确定"按钮。

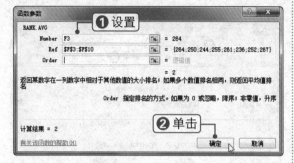

**04** 查看排位结果，F3 单元格中数值在 F 列中排名第二。

**05** 向下拖动单元格右下角的填充柄，填充公式到 G10 单元格。

**06** 查看全部排位结果，F3:F10 单元格区域中总成绩在 G 列中分别计算出排名。

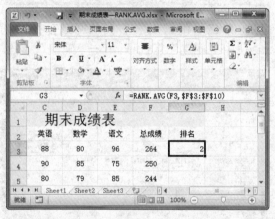

---

**专家指点**

**RANK.AVG函数语法**

语法：RANK.AVG(number,ref,order)。其中，number 用于确定其排名的数字；ref 为数字列表数组或对数字列表的引用；order 为一个指定数字排位方式的数字。

---

**121**

难度系数：
●●●●○

学习时间：
10分钟

素材文件：光盘：素材文件/第5章/电脑销售表.xlsx

# 使用SUBTOTAL函数汇总筛选后数值

**要点导航：**

SUBTOTAL 函数按照指定的求和方法，可以求出选中范围内的平均值、最值等数值。SUBTOTAL() 函数的语法结构为：SUBTOTAL (function_num,ref1,ref2...)。

Excel表格制作与数据处理高手秘笈238招

**01** 选中D12单元格，在编辑栏左侧单击"插入函数"按钮 *fx*。

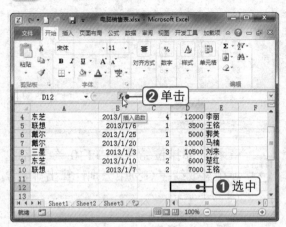

**02** 选择"数学与三角函数"类型下的 SUBTOTAL 函数，单击"确定"按钮。

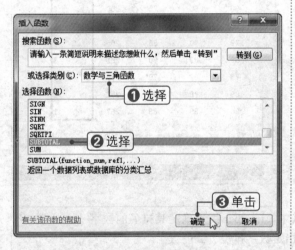

**03** 弹出"函数参数"对话框，设置函数参数，单击"确定"按钮。

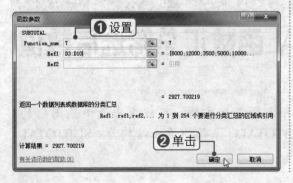

**04** 选择"数据"选项卡，在"排序和筛选"组中单击"筛选"按钮。

**05** 单击"销售人"右侧的筛选按钮，选中"王铭"复选框，单击"确定"按钮。

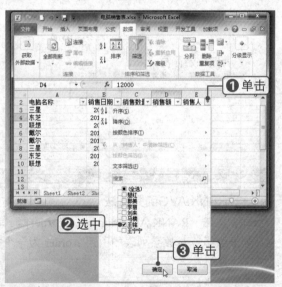

**06** 查看筛选结果，D12 单元格自动汇总显示筛选后的数据。

# 122

素材文件：光盘：素材文件/第5章/提取字符.xlsx

## 从字符串开头或结尾提取字符

**难度系数：**
● ● ● ● ○

**学习时间：**
12分钟

**要点导航：**

FIND 函数用于计算返回一个字符串在另一个字符串中出现的起始位置。LEFT 函数用于从字符串的开始（左端）提取指定数量的字符。RIGHT 函数用于从字符串的末尾（右端）提取指定数量的字符。

**01** 选中 D2 单元格，在编辑栏左侧单击"插入函数"按钮 fx。

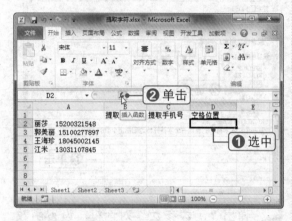

**02** 选择"文本"类别，选择 FIND 函数，单击"确定"按钮。

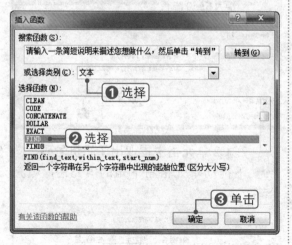

**03** 弹出"函数参数"对话框，设置函数参数，单击"确定"按钮。

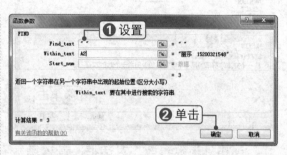

**04** 在 D2 单元格计算出空格的位置，向下拖动单元格右下角的填充柄，填充公式。

**05** 选中 B2 单元格，在编辑栏左侧单击"插入函数"按钮 fx。

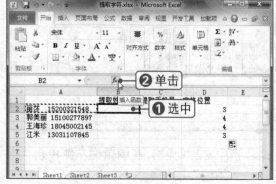

129

06 选择"文本"类别，选择 LEFT 函数，
单击"确定"按钮。

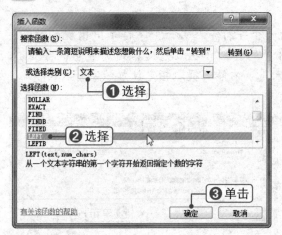

07 弹出"函数参数"对话框，设置函数
参数，单击"确定"按钮。

08 在 B2 单元格中提取出了姓名，向下拖
动单元格右下角的填充柄，填充公式。

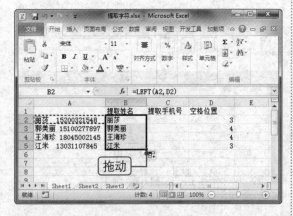

09 选中 C2 单元格，在编辑栏左侧单击"插
入函数"按钮 fx。

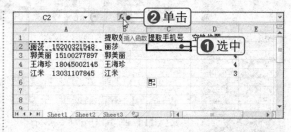

10 选择"文本"类别，选择 RIGHT 函数，
单击"确定"按钮。

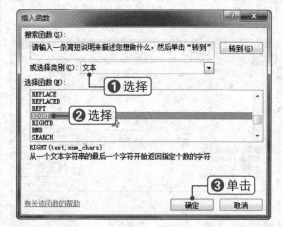

11 弹出"函数参数"对话框，设置函数
参数，单击"确定"按钮。

12 在 C2 单元格中提取出了手机号码，向
下拖动单元格右下角的填充柄，填充
公式。

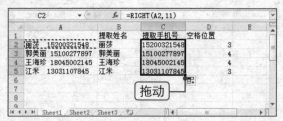

# 123

**难度系数:**
●●○○○

**学习时间:**
8分钟

素材文件：成交记录表.xlsx　　视频文件：计算两个日期间的天数.swf

# 计算两个日期间的天数

**要点导航:**

　　NETWORKDAYS 是时间与日期类函数，用于返回起始日期和终止日期之间完整的工作日数值，不包括周末和专门指定的节假日期。

**01** 选中 E2 单元格，在编辑栏左侧单击"插入函数"按钮 $f_x$ 。

**03** 弹出"函数参数"对话框，设置函数参数，单击"确定"按钮。

**02** 选择"日期与时间"类型，选择 NETWORKDAYS 函数，然后单击"确定"按钮。

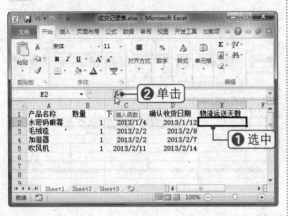

**04** 查看计算结果，向下拖动单元格右下角的填充柄，填充数据。

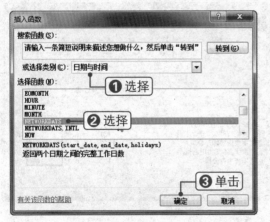

## 专家指点

**NETWORKDAYS函数的用法**

　　语法：NETWORKDAYS(start_date,end_date,holidays)。其中，start_date 用于指定时间段的起始日期，end_date 用于指定时间段的终止日期。

素材文件：公司采购明细.xlsx　　　视频文件：汇总舍去小数后数值.swf

# 124

**难度系数：**
●●○○○

**学习时间：**
8分钟

# 汇总舍去小数后数值

**要点导航：**

在计算数据和的同时省略小数点位数，这时可以使用 ROUNDDOWN 函数。ROUNDDOWN 函数为向下舍入数字。

**01** 选中 E3 单元格，单击编辑栏左侧的"插入函数"按钮 fx。

**02** 选择"数学与三角函数"类别，选择 ROUNDDOWN 函数，单击"确定"按钮。

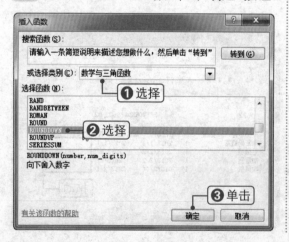

**03** 弹出"函数参数"对话框，设置函数参数，单击"确定"按钮。

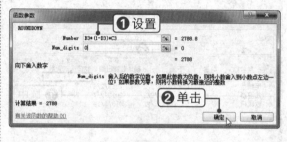

**04** 查看计算结果，向下填充 E3 单元格的公式，直至 E7 单元格。

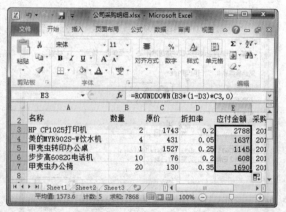

---

**专家指点**

**ROUNDDOWN函数的用法**

语法：ROUNDDOWN(number,num_digits)。其中，number 为需要向下舍入的任意实数，num_digits 为四舍五入后数字的位数。

素材文件：公司采购明细.xlsx　　视频文件：将数值转换为日期.swf

# 125

**难度系数：**

**学习时间：**
8分钟

## 将数值转换为日期

**要点导航：**

使用 Text 函数可以将数值转换为指定数值格式表示的文本。语法为：TEXT(value,format_text)。value 为数值、计算结果为数字值的公式，或对包含数字值的单元格的引用。format_text 为"单元格格式"对话框中"数字"选项卡下"分类"框中文本形式的数字格式。

**01** 选中 G3 单元格，单击编辑栏左侧的"插入函数"按钮 *fx*。

**02** 选择"文本"类别，选择 TEXT 函数，单击"确定"按钮。

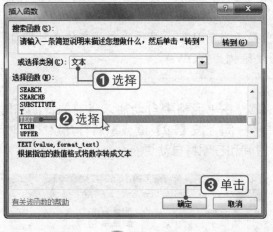

**03** 弹出"函数参数"对话框，设置函数参数，单击"确定"按钮。

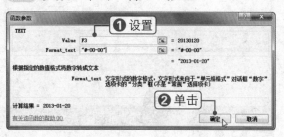

**04** 将文本转换成日期格式，向下拖动单元格右下角的填充柄，复制公式。

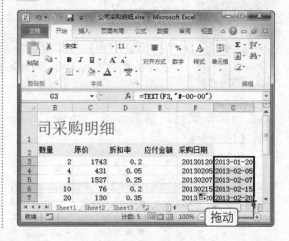

素材文件：光盘：素材文件/第5章/成交记录表.xlsx

# 126

**难度系数：**

**学习时间：**
6分钟

## 使用INT函数计算某日属于第几季度

**要点导航：**

在 Excel 中，结合使用 INT 函数和 MONTH 函数，可以计算出某日是一年中的第几季度。

**01** 在 E2 单元格中输入计算日期所属季度的公式，按【Enter】键。

**02** 查看计算结果。向下拖动单元格右下角的填充柄，填充公式。

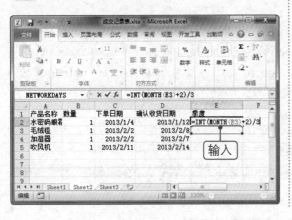

# 127

**计算并自动更新当前日期和时间**

难度系数：

学习时间：
8分钟

**要点导航：**

> NOW 函数用于在工作表中显示当前日期，且每次打开工作表日期都会自动更新。NOW() 函数的语法结构为 NOW()。

**01** 选择单元格，输入公式"=now()"，按【Enter】键。

**02** 在单元格中自动插入当前的日期和时间。按【F9】键或重新打开该文档时，时间和日期将自动更新。

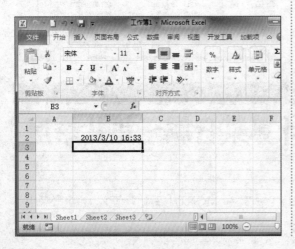

Excel表格制作与数据处理高手秘笈238招

# 128

**难度系数:**
●●●○○

**学习时间:**
10分钟

素材文件: 光盘: 素材文件/第5章/期末成绩表.xlsx

视频文件: 光盘: 视频文件/第5章/使用LOOKUP函数将数据分为更多级别.swf

## 使用LOOKUP函数将数据分为更多级别

**要点导航:**

函数 LOOKUP 有两种语法形式: 向量和数组。向量为只包含一行或一列的区域。函数 LOOKUP 的向量形式是在单行区域或单列区域(向量)中查找数值,然后返回第二个单行区域或单列区域中相同位置的数值。

**01** 选中 G3 单元格,在编辑栏左侧单击"插入函数"按钮 fx。

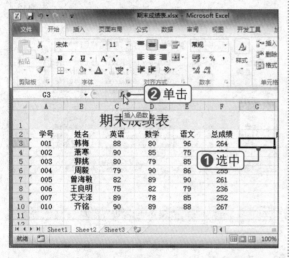

**02** 选择"查找与引用"类别,选择 VLOOKUP 函数,单击"确定"按钮。

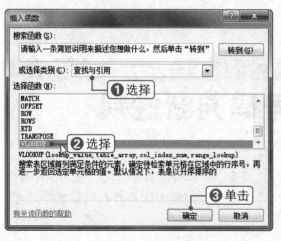

**03** 弹出"函数参数"对话框,设置函数参数,单击"确定"按钮。

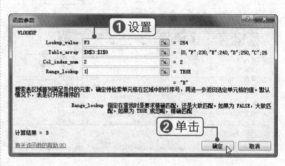

**04** 返回工作表,查看结果并向下复制单元格公式直至 G10 单元格,计算其他学生成绩的级别。

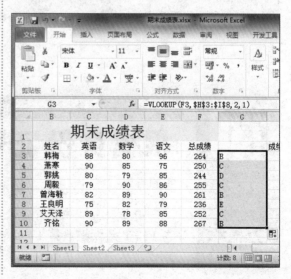

# 129 使用MID函数推算生肖

 素材文件：会员登记表.xlsx　 视频文件：使用MID函数推算生肖.swf

**难度系数：**

**学习时间：** 6分钟

**要点导航：**

　　MID 函数用于返回文本字符串中从指定位置开始的特定数目的字符，该数目由用户指定。MID 函数的语法结构为：MID(text,start_num, num_chars)。

**01** 选中 K5 单元格，在编辑栏中输入公式，按【Enter】键。

**02** 选中 K5 单元格，向下拖动其右下角的填充柄，即可得到每位会员的生肖。

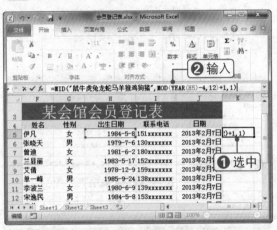

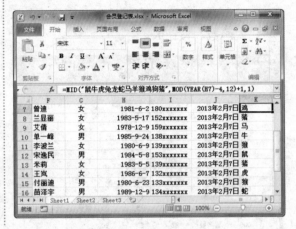

### 专家指点

**MID函数参数的含义**

　　text：字符串表达式，从中返回字符，如果 text 包含 Null，则返回 Null；start_num：text 中被提取字符部分的开始位置；num_chars：要返回的字符数。

# 130 根据身份证号码判断性别

 素材文件：员工信息.xlsx　 视频文件：根据身份证号码判断性别.swf

**难度系数：**

**学习时间：** 6分钟

**要点导航：**

　　身份证号码中包含了公民的籍贯、生日和性别等信息。使用 RIGHT 与 LEFT 函数提取第 17 位数字，然后使用 ISODD 函数判断该数字的奇偶性，从而判断出性别。

**01** 选中 C2 单元格，在编辑栏中输入公式，按【Enter】键。

**02** 查看提取结果，复制 C2 单元格公式直至 C6 单元格。

素材文件：员工信息.xlsx　　视频文件：从身份证号码中提取生日.swf

# 131 从身份证号码中提取生日

**难度系数：**

**学习时间：**
6分钟

**要点导航：**

　　使用函数也可以从身份证号码中提取出生日。先使用 MID 函数提取出生年月字符串，再使用 TEXT 函数将其转换为日期。

**01** 选中 D2 单元格，在编辑栏中输入公式，按【Enter】键。

**02** 查看提取结果，向下拖动 D2 单元格右下角的填充柄，进行复制填充。

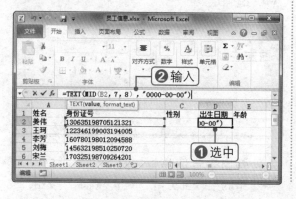

---

**专家指点**

### TEXT函数的用法

　　Text 函数将数值转换为按指定数字格式表示的文本。语法：TEXT(value,format_text)。value 为数值、计算结果为数字值的公式，或对包含数字值单元格的引用。

# 132 输入一维数组

难度系数：

学习时间：
10分钟

**要点导航：**

数组（array）是由数据元素组成的集合，数据元素可以是数值、文本、日期、逻辑和错误值等。数组分为一维数组和二维数组，一维数组又分为横向数组和纵向数组。由数值组成的一维横向数组格式为：{1,2,3,4,5,6,7}，一维纵向数组格式为：{1;2;3;4;5;6;7}。

**01** 选择横向单元格区域，在编辑栏中输入数组 "={1,2,3,4,5,6,7}"。

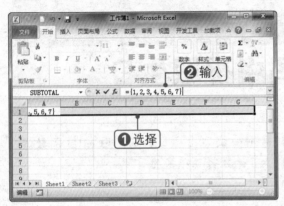

**02** 按【Ctrl+Shift+Enter】组合键，输入一维横向数组。

**03** 选择纵向单元格区域，在编辑栏中输入 "={1;2;3;4;5;6;7}"。

**04** 按【Ctrl+Shift+Enter】组合键，输入一维纵向数组。

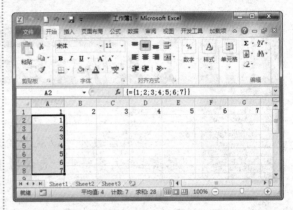

**05** 修改 A2 单元格中的数字，按【Enter】键确定。

**06** 弹出警告信息框，提示 "不能更改数组的某一部分"，单击 "确定" 按钮。

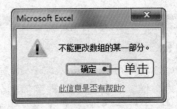

# 133 输入二维数组

**难度系数：**

**学习时间：**
10分钟

**要点导航：**

二维数组中的元素按照矩形的形状进行排列，由行元素和列元素组成。在数组各元素间以逗号分隔横向元素，以分号分隔纵向元素。

**01** 选择单元格区域，在编辑栏中输入数组 "={1,3,5;2,6,10;3,9,15}"。

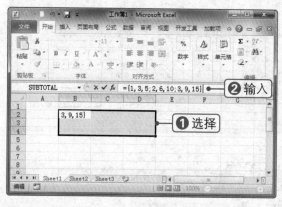

**02** 按【Ctrl+Shift+Enter】组合键，输入二维数组。

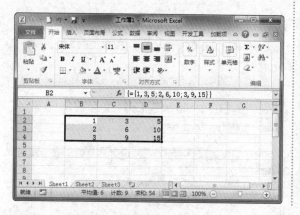

**03** 如果选择的单元格个数大于数组元素个数，就会在多余的单元格中出现错误值 "#N/A"。

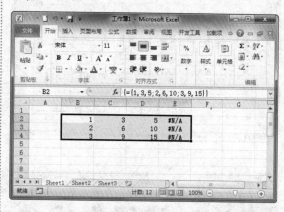

**04** 如果选择的单元格个数小于数组元素个数，没有对应单元格的元素将不进行显示。

## 专家指点

**数组分类**

根据构成元素不同，又可以将数组分为常量数组和单元格区域数组。前者不能包含其他数组、公式或函数，后者是对一组连续的单元格区域引用得到的数组。

# 134

**难度系数:**
●●●●●

**学习时间:**
6分钟

素材文件: 工资表.xlsx　　　视频文件: 使用数组公式进行多项求和.swf

## 使用数组公式进行多项求和

**要点导航:**

应用数组公式进行多项求和时, 数组公式包括在 "{}" 之中, 按 【Ctrl+Shift+Enter】组合键, 即可输入数组公式。

**01** 选中 G11 单元格, 在编辑栏中输入公式 "=SUM(D5:D10+E5:E10+F5:F10)"。

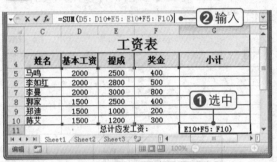

**02** 按【Ctrl+Shift+Enter】组合键, 查看计算结果。

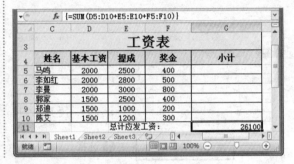

# 135

**难度系数:**
●●●●●

**学习时间:**
6分钟

素材文件: 公司采购明细2.xlsx　　　视频文件: 使用数组公式计算乘积.swf

## 使用数组公式计算乘积

**要点导航:**

在输入数组公式后, 按【Ctrl+Shift+Enter】组合键, 系统会自动在输入的公式两端加上 "{}", 表示该公式是数组公式。在数组公式涉及的区域中, 不能编辑或引用单元格。

**01** 选择 D3:D7 单元格区域, 在编辑栏中输入公式 "=B3:B7*C3:C7"。

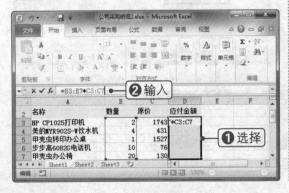

**02** 按【Ctrl+Shift+Enter】组合键, 即可计算出所有结果。

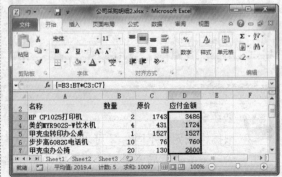

# 136

**难度系数:** ●●●●●

**学习时间:** 6分钟

素材文件: 光盘: 素材文件/第5章/公式采购明细.xlsx

视频文件: 光盘: 视频文件/第5章/使用数组公式进行快速运算.swf

# 使用数组公式进行快速运算

**要点导航:**

　　使用数组公式可以计算各列不同的折扣额,并计算出总价。首先选择数组公式,然后在编辑栏中修改,再按【Ctrl+Shift+Enter】组合键即可。

**01** 选择 E3:E7 单元格区域,在编辑栏中输入公式。

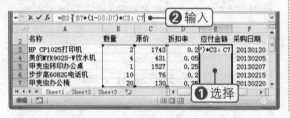

**02** 按【Ctrl+Shift+Enter】组合键,即可计算出所有结果。

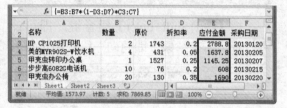

---

# 137

**难度系数:** ●●●○○

**学习时间:** 12分钟

视频文件: 光盘: 视频文件/第5章/数组间的运算.swf

# 数组间的运算

**要点导航:**

　　数组是按行、列进行排列的元素的集合。单行或单列的数组是一维数组,多行多列的数组是二维数组。

**01** 选择 B2:D2 单元格区域,在编辑栏中输入公式。

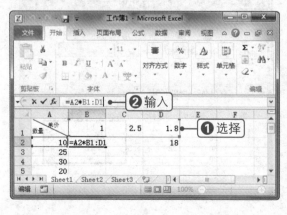

**02** 按【Ctrl+Shift+Enter】组合键,即可计算出所有结果(即单值与数组运算)。

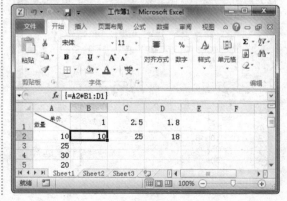

Excel 2010入门秘笈

Excel工作簿操作秘笈

数据输入和编辑秘笈

数据分析与处理秘笈

Excel公式与函数使用秘笈

141

**03** 选择 C2:C5 单元格区域，在编辑栏中输入公式 "=A2:A5*B2:B5"。

**06** 按【Ctrl+Shift+Enter】组合键，即可计算出所有结果（即异向一维数组运算）。

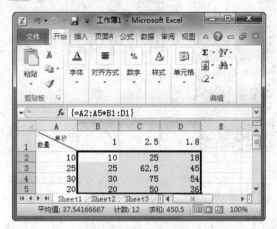

**04** 按【Ctrl+Shift+Enter】组合键，即可计算出所有结果（即同向一维数组运算）。

**07** 选择 D2:E5 单元格区域，在编辑栏中输入公式。

**05** 选择 B2:D5 单元格区域，在编辑栏中输入公式。

**08** 按【Ctrl+Shift+Enter】组合键，即可计算出所有结果（即一维数组与二维数组运算）。

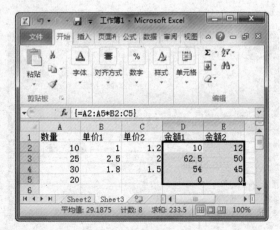

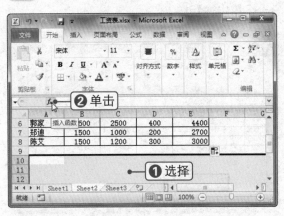

# 138

难度系数：
●●●○○

学习时间：
8分钟

素材文件：工资表.xlsx　　　视频文件：单元格区域转置.swf

# 单元格区域转置

**要点导航：**

使用 TRANSPOSE 函数可以将数组由横向转置为纵向，或由纵向转置为横向。该函数的语法结构为：TRANSPOSE(array)。

**01** 选择 A10:G14 单元格区域，单击"插入函数"按钮 fx。

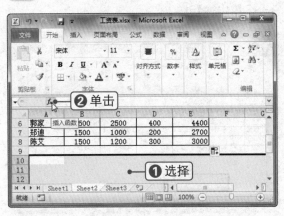

**02** 选择"查找与引用"类别，然后选择 TRANSPOSE 函数，单击"确定"按钮。

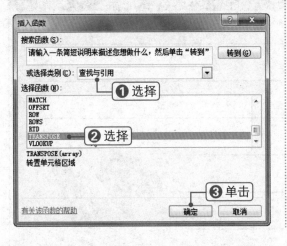

**03** 设置函数参数，按住【Ctrl+Shift】组合键的同时单击"确定"按钮。

**04** 返回工作表，查看转置效果，行和列内容进行了转置。

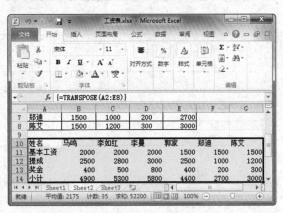

---

**专家指点**

### TRANSPOSE函数的应用

array 参数为需要进行转置的数组或单元格区域。TRANSPOSE 函数必须在与源单元格区域具有相同行数和列数的单元格区域中作为数组公式分别输入。

# 139

难度系数：

学习时间：
6分钟

Excel表格制作与数据处理高手秘笈238招

## 计算数组矩阵的逆矩阵

**要点导航：**

　　当矩阵的行数和列数相等时，可以使用 MINVERSE 函数计算矩阵的逆矩阵；若不相等，则返回错误值 "#VALUE!"。MINVERSE 函数的语法结构为：MINVERSE(array)。

**01** 选择 B7:C8 单元格区域，在编辑栏中输入公式。

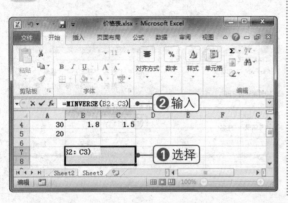

**02** 按【Ctrl+Shift+Enter】组合键，即可计算出逆矩阵。

## ●读书笔记

精彩无限，从这里开始……

# 第6章

# Excel图形和图表操作秘笈

在 Excel 工作表中可以插入各种类型的图片、形状、剪贴画及图形等，从而使效果更加形象、生动。而使用图表可以使数据表达变得更加形象和直观，它不仅可以表示数量的多少，还可以展示出数据的全貌及变化情况，使用户更容易了解大量数据和不同数据系列之间的关系，帮助分析数据，找出重要趋势。

## 140

视频文件：光盘：视频文件/第6章/插入和编辑图形.swf

# 插入和编辑图形

**难度系数：**
●●●○○

**学习时间：**
8分钟

**要点导航：**

　　Excel 2010 提供了多种类型的形状，包括线条、基本几何形状、箭头、公式形状、流程图形状、星、旗帜和标注等，可以在工作表中插入并编辑这些形状。

**01** 启动 Excel 2010，选择"插入"选项卡，在"插图"组中单击"形状"下拉按钮，选择所需的形状样式。

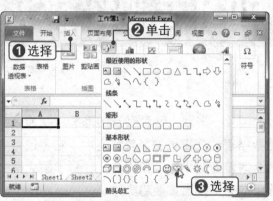

**02** 在表格中合适的位置按住鼠标左键不放，拖动鼠标绘制图形。

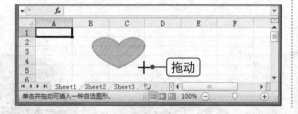

**03** 右击绘制的图形，在弹出的快捷菜单中选择"编辑文字"命令。

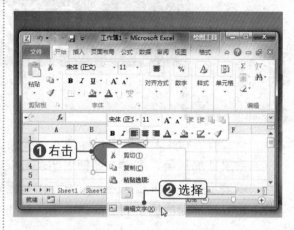

**04** 在图形中输入文本，单击任一单元格确定输入。

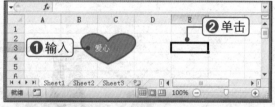

## 141

视频文件：光盘：视频文件/第6章/流程图的绘制和美化.swf

# 流程图的绘制和美化

**难度系数：**
●●●○○

**学习时间：**
10分钟

**要点导航：**

　　在 Excel 中经常会使用 SmartArt 图形来绘制流程图，用于显示任务、流程或工作流的进展或有序步骤。流程图创建完成后，还可以根据需要对其进行美化。

**01** 启动 Excel 2010，选择"插入"选项卡，单击"插入 SmartArt 图形"按钮。

**02** 在左侧选择"流程"分类，在右侧列表框中选择图形样式，单击"确定"按钮。

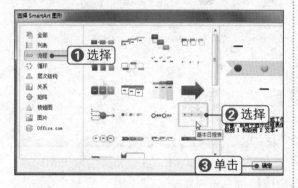

**03** 单击流程图中的"文本"占位符，输入内容。

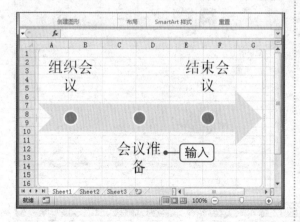

**04** 选中流程图，选择"设计"选项卡，在"SmartArt 样式"组中单击"更改颜色"下拉按钮，选择所需的流程图颜色样式。

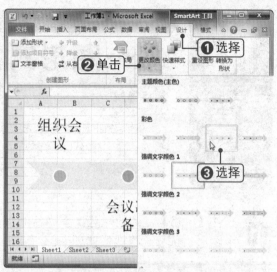

**05** 选择"格式"选项卡，在"形状样式"组中单击"其他"按钮，选择所需的形状样式。

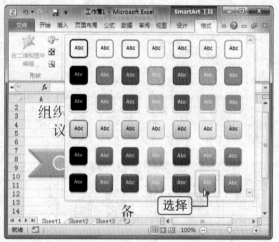

**06** 此时，即可查看流程图美化效果，即形象，又美观。

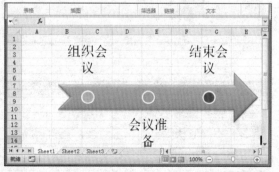

# 142

Excel表格制作与数据处理高手秘笈238招

**难度系数：**
●●○○○

**学习时间：**
8分钟

# 多个图形对象的组合

**要点导航：**

若要同时对多个形状进行操作，可以按住【Shift】键的同时单击形状，将它们全部选中后再进行操作。但更简便的方法是将其组合起来，这样不仅可以进行整体操作，还可以对组合中的某个形状进行单独操作。

**01** 按住【Shift】键的同时选择要组合的多个图形，选择"格式"选项卡。

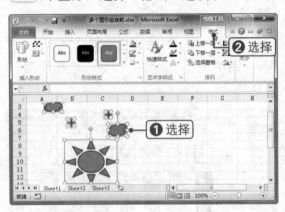

**02** 在"排列"组中单击"组合"下拉按钮🗗，选择"组合"选项。

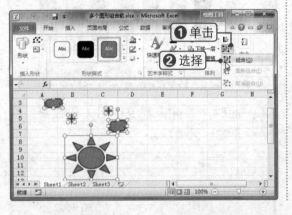

**03** 将所有图形组合在一起，移动任一图形，其他图形都会随之移动。

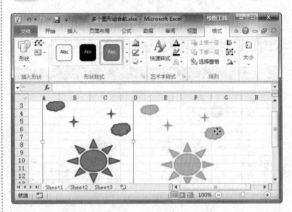

**04** 在"排列"组中单击"取消组合"按钮，即可取消图形的组合。

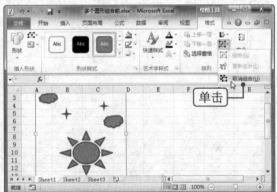

---

**专家指点**

**组合图形**

不仅形状间可以相互组合，还可以将形状与图片、SmartArt 图形、图表等组合在一起。通过组合形状，可以制作出各式各样的图形。

# 143

## 对图形中的文字进行分栏

**难度系数：**

**学习时间：**
8分钟

**要点导航：**

　　在 Excel 中可以对图形中添加的文字进行分栏，使内容更好地表现出来。

**01** 选中图形并右击，选择"设置形状格式"命令。

**02** 在左侧选择"文本框"选项，在右侧设置文本框参数，单击"分栏"按钮。

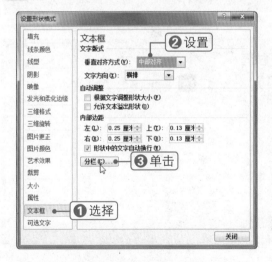

**03** 弹出"分栏"对话框，设置栏数和间距，单击"确定"按钮。

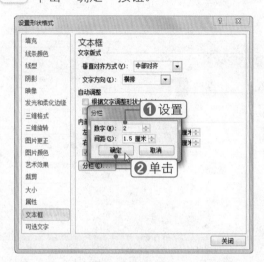

**04** 返回工作表，查看分栏效果，图形中的文本被分为 2 栏。

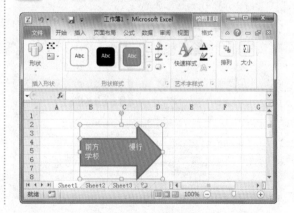

---

### 专家指点

**更改形状**

可以根据需要将插入的形状更改为其他形状样式：选中形状后选择"格式"选项卡，在"插入形状"组中单击"编辑形状"按钮，然后选择"更改形状"选项即可。

素材文件：填充背景或颜色.xlsx　　视频文件：为图形填充颜色或背景.swf

# 144 为图形填充颜色或背景

**要点导航：**

在 Excel 中，用户可以根据自己的需要为图形填充合适的颜色或背景，使其更加美观。

**01** 选择图形，选择"格式"选项卡，在"形状样式"组中单击"形状填充"下拉按钮，选择填充颜色。

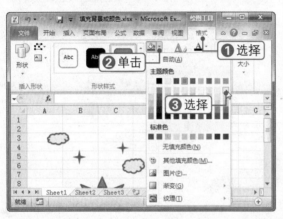

**02** 在"形状填充"下拉列表中选择"图片"选项。

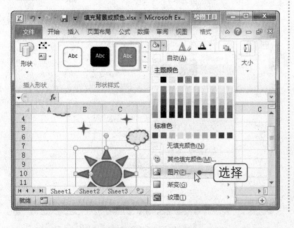

**03** 弹出"插入图片"对话框，选择要用作填充的图片，单击"插入"按钮。

**04** 返回工作表，查看图片填充效果，图形中已经填充了所选的图片。

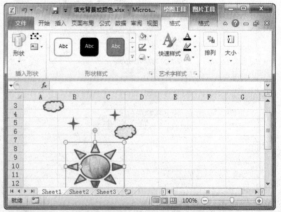

---

**专家指点**

**设置纹理填充**

除了可以为图形填充颜色或图片背景外，还可以为其应用纹理、渐变、图案填充等。右击形状，选择"设置形状格式"命令，在弹出的对话框中可以设置填充效果，如偏移量、透明度等。

**145**

难度系数：
● ● ○ ○ ○

学习时间：
8分钟

素材文件：填充背景或颜色.xlsx

视频文件：更改图形轮廓颜色和粗细.swf

# 更改图形轮廓颜色和粗细

**要点导航：**

　　一个简单的形状是由形状填充和形状轮廓构成的。除了可以对形状应用各类填充外，还可以更改其轮廓样式，如颜色、粗细和线型等。

**01** 选中要更改其轮廓颜色和粗细的图形，选择"格式"选项卡。

**03** 在"形状样式"组中单击"形状轮廓"下拉按钮，选择"粗细"选项，在其子菜单中选择轮廓粗细样式。

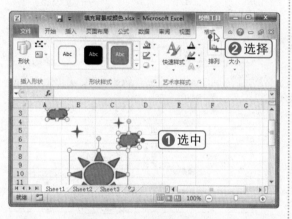

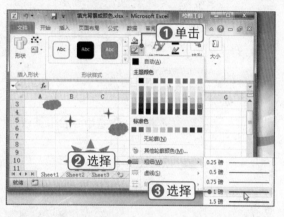

**02** 在"形状样式"组中单击"形状轮廓"下拉按钮，选择轮廓颜色。

**04** 查看更改效果，图形的轮廓颜色和轮廓粗细都已发生了变化。

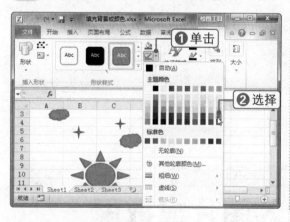

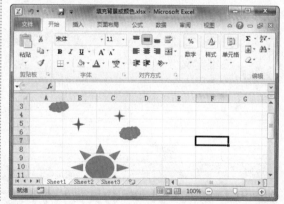

---

**专家指点**

**编辑形状**

对于插入的图形，还可以将其手动编辑为其他形状。具体操作为：右击形状，在弹出的快捷菜单中选择"编辑顶点"命令。

Excel图形和图表操作秘笈　Excel安全设置与内容保护秘笈　Excel协作与共享秘笈　VBA与宏应用秘笈　Excel打印与输出秘笈

素材文件：填充背景或颜色.xlsx　　视频文件：为图形添加三维效果.swf

# 146

难度系数：
●●●●●

学习时间：
6分钟

# 为图形添加三维效果

**要点导航：**

在 Excel 2010 中可以插入三维形状，如立方体、棱台形状等，也可以为绘制的二维形状添加三维效果，使其看起来更加立体、形象。

**01** 选中图形并右击，在弹出的快捷菜单中选择"设置对象格式"命令。

**02** 在左侧选择"三维格式"选项，在右侧设置三维格式参数，单击"关闭"按钮。

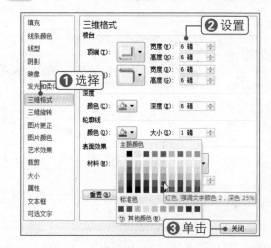

**03** 返回工作表，查看所选图形的三维效果。

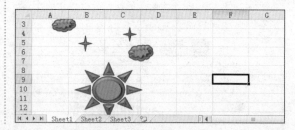

---

**专家指点**

**三维定义**
三维是指在平面二维系中又加入了一个方向向量构成的空间系。

---

视频文件：光盘：视频文件/第6章/在Excel中插入图片或截屏.swf

# 147

难度系数：
●●●●●

学习时间：
10分钟

# 在Excel中插入图片或截屏

**要点导航：**

在 Excel 中插入图片可以使内容更加丰富，使用 Excel 2010 的"屏幕截图"功能可以轻松地插入当前窗口的截屏。

01 启动 Excel 2010，选择"插入"选项卡，在"插图"组中单击"图片"按钮。

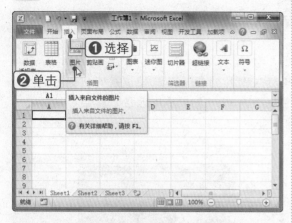

02 弹出"插入图片"对话框，选择要插入的图片，单击"插入"按钮。

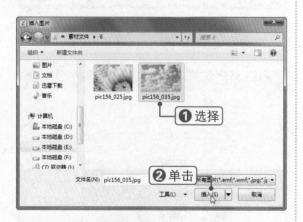

03 调整图片的大小和位置，查看插入图片效果。

04 在"插图"组中单击"屏幕截图"下拉按钮，选择"屏幕剪辑"选项。

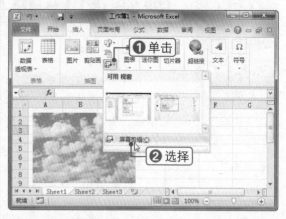

05 此时将显示要屏幕截图的窗口，鼠标指针变为十字形状，拖动鼠标选择要截取的区域。

06 释放鼠标后即可截取屏幕图片，调整图片的大小和位置。

视频文件：光盘：视频文件/第6章/删除图片背景.swf

# 148 删除图片背景

**难度系数：**

**学习时间：**
12分钟

**要点导航：**

在 Excel 2010 中可以删除插入图片的背景，以强调或突出图片的主题，消除杂乱的细节。操作方法很简单，选中图片后在"格式"选项卡下单击"删除背景"按钮即可。

**01** 选中要删除背景的图片，选择"格式"选项卡，在"调整"组中单击"删除背景"按钮。

**02** 在"优化"组中单击"标记要保留的区域"按钮。

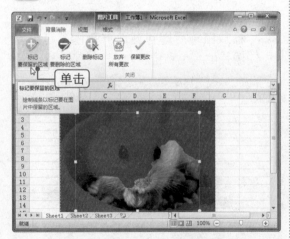

**03** 此时鼠标指针变为笔状，在图片中标记要保留的区域。

**04** 在"优化"组中单击"标记要删除的区域"按钮。

**05** 通过单击或拖动鼠标在图片中标记要删除的区域。

**06** 在"关闭"组中单击"保存更改"按钮，即可保存更改操作。

**07** 此时，即可看到所选图片的背景已被删除。

---

专家指点

**恢复原始图片**

如果要恢复删除背景前的图片原始状态，可在"格式"选项下的"调整"组中单击"重设图片"按钮即可。

---

视频文件：光盘：视频文件/第6章/调整图片锐化和柔化效果.swf

# 149 调整图片锐化和柔化效果

难度系数：

学习时间：
8分钟

**要点导航：**

在 Excel 2010 中可以对图片进行颜色修正，如调整图片的亮度、对比度以及模糊度，使其满足自己的需要。

**01** 选中要调整的图片，选择"格式"选项卡。

**02** 在"调整"组中单击"更正"下拉按钮，选择"图片更正选项"选项。

**03** 弹出"设置图片格式"对话框，设置柔化和锐化参数，单击"关闭"按钮。

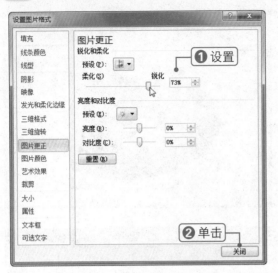

**04** 返回工作表，即可看到所选图片已经应用了设置的效果。

---

V 视频文件：光盘：视频文件/第6章/对Excel中的图片进行压缩.swf

## 150 对Excel中的图片进行压缩

**难度系数：** ● ● ● ●

**学习时间：** 8分钟

**要点导航：**

若在工作表中插入的图片体积很大，就会增加文件的大小。若要节省硬盘上的空间，或要加快文件在网络上的传播，就需要对图片进行压缩，以降低其分辨率。

**01** 选中要进行压缩的图片，选择"格式"选项卡，在"调整"组中单击"压缩图片"按钮。

**02** 弹出"压缩图片"对话框，设置压缩选项，单击"确定"按钮即可。

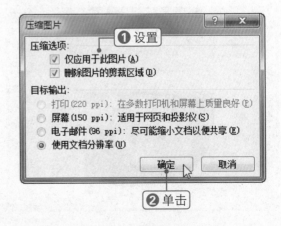

**151**

素材文件：期末成绩表.xlsx

视频文件：插入剪贴画.swf

# 插入剪贴画

难度系数：

学习时间：
8分钟

**要点导航：**

　　Excel 2010 内置了很多剪贴画，用户只需要在剪贴画库中选择要插入的图形，即可将其插入到工作表中。

**01** 启动 Excel 2010，选择"插入"选项卡，在"插图"组中单击"剪贴画"按钮。

**02** 打开"剪贴画"窗格，输入搜索文字，单击"搜索"按钮。

**03** 在搜索结果列表中找到要插入的剪贴画并单击，即可将其插入到工作表中。

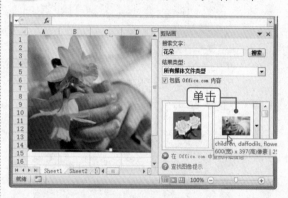

**04** 关闭"剪贴画"窗格，查看插入的剪贴画。

**152**

视频文件：光盘：视频文件/第6章/在图片上添加文字.swf

# 在图片上添加文字

难度系数：

学习时间：
8分钟

**要点导航：**

　　在图片上添加文字时，需要先插入文本框，然后在文本框中输入所需的文字，最后将其组合起来即可。

**01** 选中要添加文字的图片，选择"插入"选项卡，在"文本"组中单击"文本框"下拉按钮，选择"垂直文本框"选项。

**02** 按住鼠标左键并拖动，绘制文本框，在其输入所需的内容。

**03** 选择"格式"选项卡，在"形状样式"组中单击"形状填充"下拉按钮，选择"无填充颜色"选项。

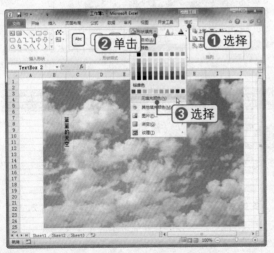

**04** 在"形状样式"组中单击"形状轮廓"下拉按钮，选择"无轮廓"选项。

**05** 选中文本，选择"开始"选项卡，在"字体"组中设置字体、字号和文本颜色等。

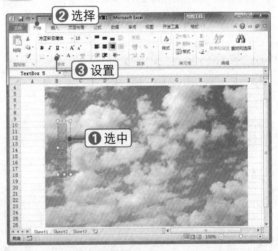

**06** 选中图片和文本框并右击，在弹出的快捷菜单中选择"组合"|"组合"命令。

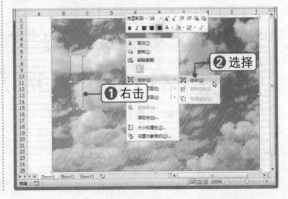

## 153

**裁剪图片的形状**

视频文件：光盘：视频文件/第6章/裁剪图片的形状.swf

难度系数：
●●○○○

学习时间：
6分钟

**要点导航：**

快速更改图片形状的方法是将其裁剪为特定形状。在进行剪裁时，将自动修整图片以填充形状的几何图形，但同时会保持图片的比例。裁剪后，还可以调整图片的大小和位置。

**01** 选中图片，选择"格式"选项卡，单击"裁剪"下拉按钮，选择"裁剪为形状"选项，在弹出的列表中选择所需形状。

**02** 此时，即可在工作表窗口中查看裁剪后的图片效果。

---

**专家指点**

 **裁剪为通用纵横比**

可以将图片裁剪为通用的照片或纵横比，使其适合图片框。具体操作为：单击"裁剪"下拉按钮，选择"纵横比"选项中所需的比例。

---

## 154

**快速创建图表**

素材文件：箱包销售表.xlsx　　视频文件：快速创建图表.swf

难度系数：
●●○○○

学习时间：
8分钟

**要点导航：**

创建图表可以更加直观地查看数据。Excel 2010 提供了丰富的图表类型，用户可以根据自己的需要进行选择。

01 选择 A2:E6 单元格区域，选择"插入"选项卡，在"图表"组中单击"折线图"下拉按钮，选择图表类型。

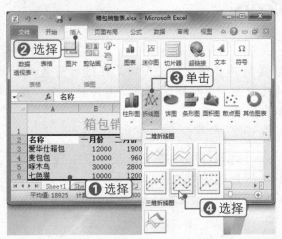

02 返回工作表，根据需要调整图表的大小和位置，查看图表效果。

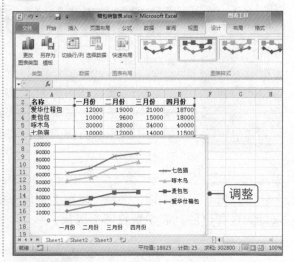

---

155

难度系数：

学习时间：
8分钟

素材文件：箱包销售表.xlsx　视频文件：为图表添加坐标轴标题.swf

# 为图表添加坐标轴标题

**要点导航：**

在插入图表后，默认没有坐标轴标题，可以根据需要为图表添加坐标轴标题，使其看起来更加清晰、明了。

01 选中图表，选择"布局"选项卡，在"标签"组中单击"坐标轴标题"下拉按钮，选择"主要横坐标轴标题"|"坐标轴下方标题"选项。

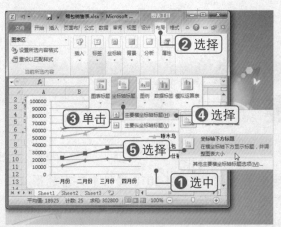

02 在图表下方出现坐标轴标题文本框，从中输入需要的标题文本。

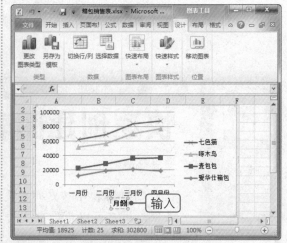

# 156

难度系数:

学习时间:
10分钟

素材文件: 光盘: 素材文件/第6章/箱包销售表.xlsx

视频文件: 光盘: 视频文件/第6章/为不相邻的数据区域创建图表.swf

# 为不相邻的数据区域创建图表

**要点导航:**

在 Excel 中, 有时为了更加直观地对比不相邻单元格区域数据, 可以为不相邻的数据区域创建图表。

**01** 选择要创建图表的数据区域, 选择 "插入" 选项卡, 在 "图表" 组中单击 "柱形图" 下拉按钮, 选择图表类型。

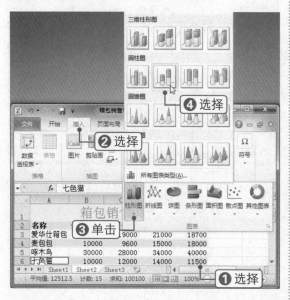

**02** 此时, 即可查看为不相邻的行创建的图表效果。

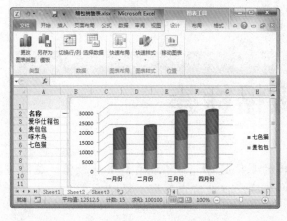

**03** 选择不同的列, 选择 "插入" 选项卡, 在 "图表" 组中单击 "柱形图" 下拉按钮, 选择图表类型。

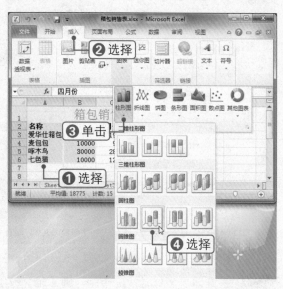

**04** 此时, 即可查看为不相邻的列创建的图表效果。

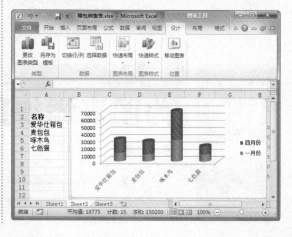

素材文件：箱包销售表.xlsx　　 视频文件：为图表添加三维效果.swf

# 157

难度系数：
●●○○○

学习时间：
8分钟

# 为图表添加三维效果

## 要点导航：

三维图表可使数据更加立体地展现在观看者面前。在创建三维图表时，可为二维图表应用三维样式，也可将二维图表转换为三维样式图表。

**01** 选中图表，选择"设计"选项卡，在"类型"组中单击"更改图表类型"按钮。

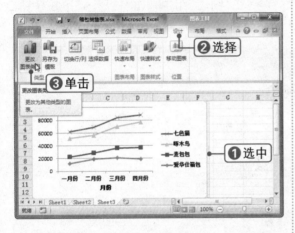

**02** 在左侧选择"折线图"选项，在右侧选择"三维折线图"类型，单击"确定"按钮。

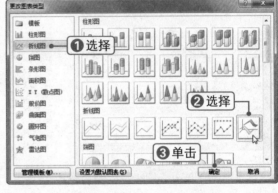

**03** 返回工作表，即可查看添加三维效果后的折线图效果。

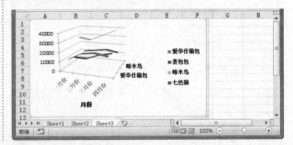

### 专家指点

 **坐标轴**

三维即是坐标轴的三个轴，即 x 轴、y 轴、z 轴，其中 x 表示左右空间，y 表示上下空间，z 表示前后空间，这样就形成了视觉立体感。

 素材文件：箱包销售表.xlsx　　 视频文件：为图表添加数据标签.swf

# 158

难度系数：
●○○○○

学习时间：
6分钟

# 为图表添加数据标签

## 要点导航：

图表可以直观地显示数据的变化趋势，却不能看到具体数值。这时可以根据需要为图表添加数据标签，将数值在图形上显示出来。

**01** 选中图表,选择"布局"选项卡,在"标签"组中单击"数据标签"下拉按钮,选择"左"选项。

**02** 此时,即可查看为图表添加的数据标签。

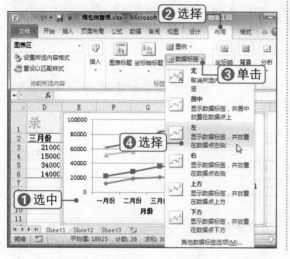

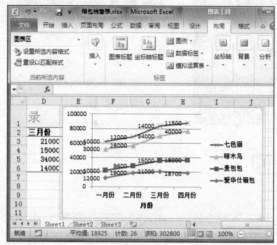

素材文件:箱包销售表.xlsx　　视频文件:为图表添加网格线.swf

# 159 为图表添加网格线

**难度系数:**

**学习时间:**
6分钟

**要点导航:**

插入图表后,可以在背景中添加网格线,使其更加有利于数据的查看和对比。

**01** 选中图表,选择"布局"选项卡,在"坐标轴"组中单击"网格线"下拉按钮,选择"主要纵网格线"|"主要网格线"选项。

**02** 此时,即可查看为图表添加的网格线效果。

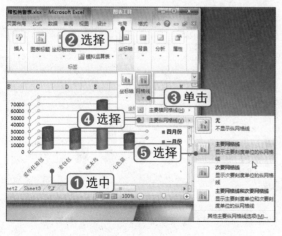

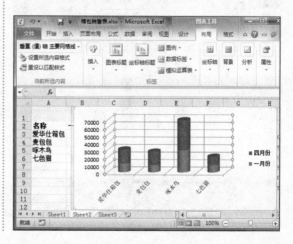

# 160

难度系数:
⚫⚫⚫⚪⚪

学习时间:
10分钟

素材文件: 光盘: 素材文件/第6章/箱包销售表.xlsx

视频文件: 光盘: 视频文件/第6章/使图表不受单元格行高列宽影响.swf

# 使图表不受单元格行高列宽影响

**要点导航:**

当调整单元格的行高、列宽时, 图表的高度和宽度也会随着改变, 可以根据需要设置图表不受行高、列宽的影响。

**01** 调整单元格的行高和列宽, 图表的行高和列宽也随之改变。

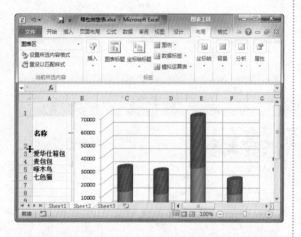

**02** 单击"撤销"按钮 ↺, 恢复图表到原来的大小。选择"格式"选项卡, 在"大小"组中单击"大小和属性"扩展按钮 ◱。

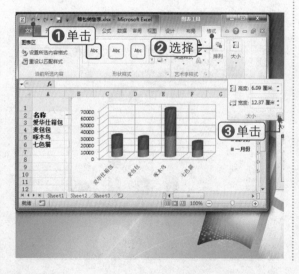

**03** 在左侧选择"属性"选项, 在右侧选中"大小固定, 位置随单元格而变"单选按钮, 单击"关闭"按钮。

**04** 此时调整单元格的行高和列宽, 图表的行高和列宽将不会随之变化。

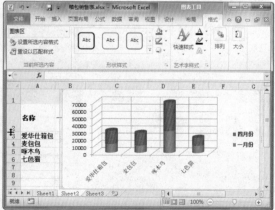

**161**

难度系数:

学习时间:
8分钟

素材文件：箱包销售表.xlsx

视频文件：为图表添加图片背景.swf

# 为图表添加图片背景

**要点导航:**

在 Excel 2010 中，默认情况下图表为白色的背景，用户可以根据需要更改图表的背景，如更改背景颜色，为其添加图片背景等。

**01** 选中图表，选择"格式"选项卡，在"形状样式"组中单击"形状填充"下拉按钮，选择"图片"选项。

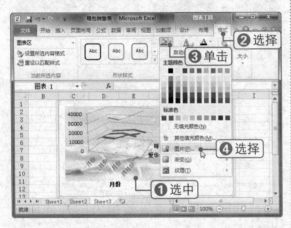

**02** 弹出"插入图片"对话框，选择要插入的图片，单击"插入"按钮。

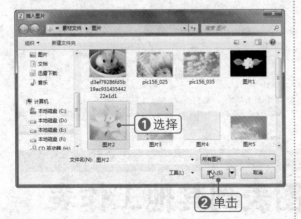

**03** 右击绘图区，选择"设置绘图区格式"命令。

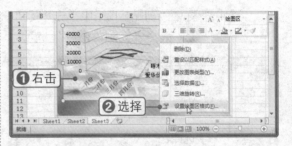

**04** 在左侧选择"填充"选项，在右侧选中"无填充"单选按钮，单击"关闭"按钮。

**05** 返回工作表，查看添加了图片背景后的图表效果。

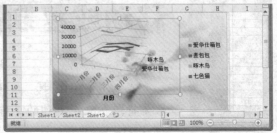

素材文件：箱包销售表.xlsx  视频文件：将图表转换为图片.swf

# 162 将图表转换为图片

难度系数：
●●●●○

学习时间：
8分钟

**要点导航：**

图表中的数据会随着数据源的变化而自动更新，如果不想图表被改变，可以将图表转换为图片。

**01** 选中图表，在"剪贴板"组中单击"复制"下拉按钮，选择"复制为图片"选项。

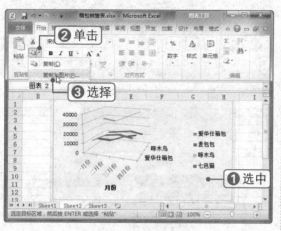

**02** 弹出"复制图片"对话框，设置外观和格式，单击"确定"按钮。

**03** 选中任一单元格，在"剪贴板"组中单击"粘贴"按钮。

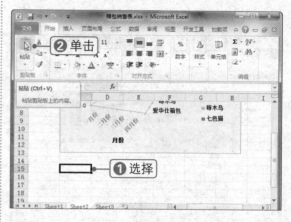

**04** 此时，即可查看转换为图片的图表效果。

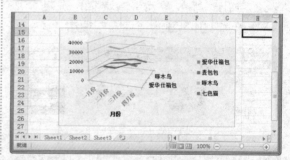

 素材文件：箱包销售表.xlsx  视频文件：移动或复制图表到其他工作表.swf

# 163 移动或复制图表到其他工作表

难度系数：
●●●●○

学习时间：
12分钟

**要点导航：**

在 Excel 2010 中，默认情况下图表作为嵌入图表放在工作表上。如果要将图表放在单独的工作表中，则需要移动图表。

**01** 选中图表,选择"设计"选项卡,单击"移动图表"按钮。

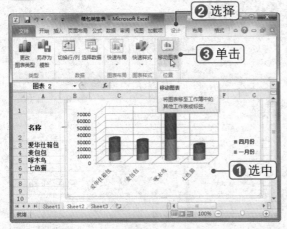

**02** 弹出"移动图表"对话框,选择放置图表的位置,单击"确定"按钮。

**03** 返回工作表进行查看,图表已经移到了 Sheet3 工作表中。

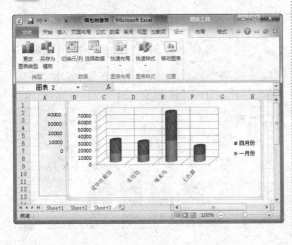

**04** 选中图表,在"剪贴板"组中单击"复制"按钮。

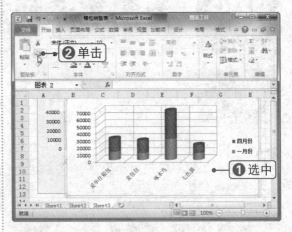

**05** 选择 Sheet2 工作表,选择任一单元格,在"剪贴板"组中单击"粘贴"按钮。

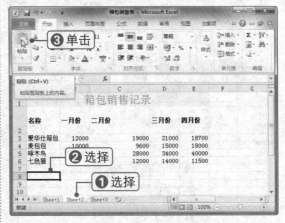

**06** 查看工作表,图表已经复制到 Sheet2 工作表中。

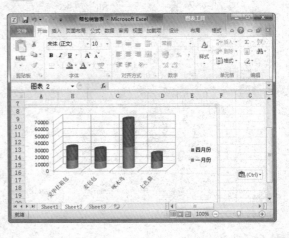

**164**

难度系数:
⚫⚫⚫⚪⚪

学习时间:
10分钟

素材文件: 添加趋势线.xlsx

视频文件: 为图表添加趋势线.swf

# 为图表添加趋势线

**要点导航:**

为了更加直观地查看数据变化趋势, 可以为图表添加趋势线。添加趋势线后, 还可以根据需要设置其格式。

**01** 选中图表, 选择"布局"选项卡, 在"分析"组中单击"趋势线"下拉按钮, 选择"线性趋势线"选项。

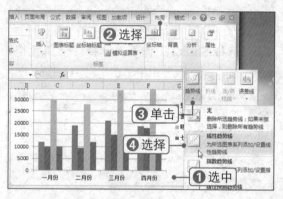

**02** 选择要添加趋势线的系列, 单击"确定"按钮。

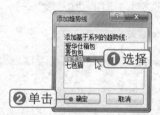

**03** 返回工作表, 查看添加趋势线后的图表效果。

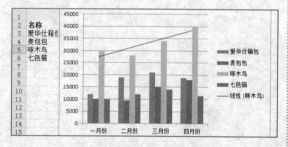

**04** 选中趋势线并右击, 选择"设置趋势线格式"命令。

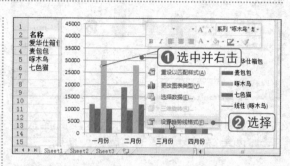

**05** 在左侧选择"发光和柔化边缘"选项, 在右侧设置格式, 单击"关闭"按钮。

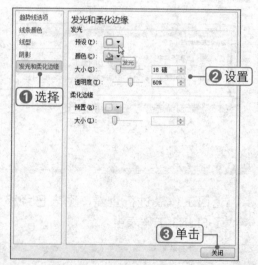

**06** 返回工作表, 查看设置格式后的趋势线效果。

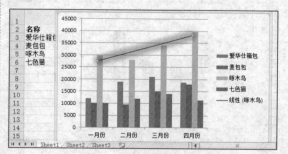

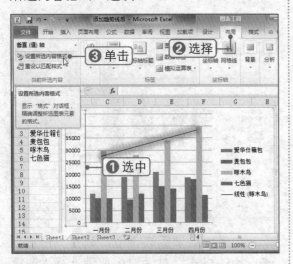

# 165

**难度系数:**
●●●●●

**学习时间:**
8分钟

素材文件：添加趋势线后.xlsx   视频文件：为纵坐标轴数值添加单位.swf

# 为纵坐标轴数值添加单位

**要点导航:**

当使用数值比较大的数据制作图表时，纵坐标的刻度由于过长可能导致看不清楚，这时可以设定纵坐标轴数值的单位，以减少其长度。

---

**01** 选中纵坐标轴，选择"布局"选项卡，在"当前所选内容"组中单击"设置所选内容格式"选项。

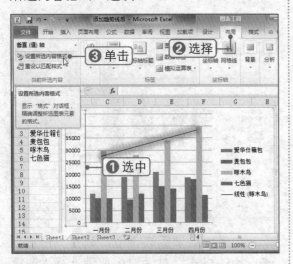

**02** 在左侧选择"坐标轴选项"选项，在右侧设置"显示单位"为"百"。

**03** 选中图表中的单位，在左侧选择"对齐方式"选项，在右侧设置对齐方式，单击"关闭"按钮。

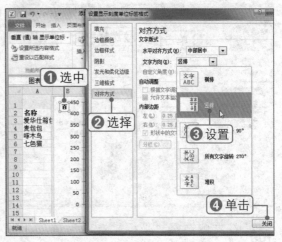

**04** 返回工作表，此时图表纵坐标轴已经以"百"为单位进行显示了。

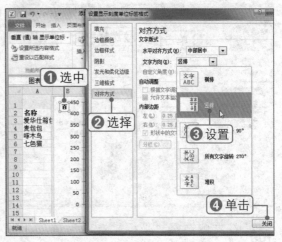

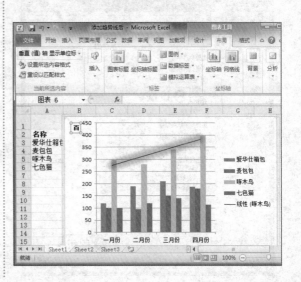

素材文件：添加趋势线.xlsx　　　视频文件：反转纵坐标轴使图表倒立.swf

# 166

**反转纵坐标轴使图表倒立**

难度系数：
●●○○○

学习时间：
8分钟

**要点导航：**

图表中的纵坐标轴一般是从下往上延伸的，用户可以设置逆序刻度值，将纵坐标轴改为从上往下延伸。

**01** 选中图表的纵坐标轴，选择"布局"选项卡，在"当前所选内容"组中单击"设置所选内容格式"按钮。

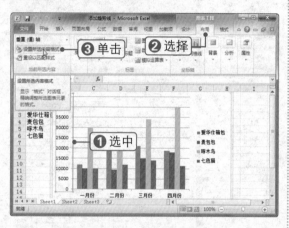

**03** 返回工作表，此时可以看到横坐标轴位于图表的上方，纵坐标轴刻度值发生逆序。

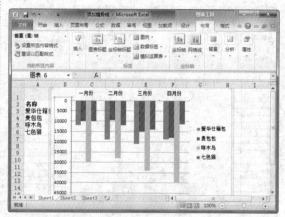

**02** 在左侧选择"坐标轴选项"选项，在右侧选中"逆序刻度值"复选框，单击"关闭"按钮。

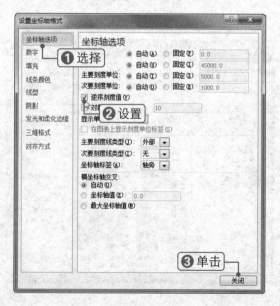

**04** 如果要取消图表倒立，则在"设置坐标轴格式"对话框中取消选择"逆序刻度值"复选框即可。

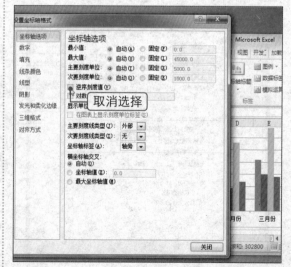

**167**

素材文件：箱包销售表.xlsx　　　视频文件：创建迷你图.swf

# 创建迷你图

难度系数：

学习时间：
8分钟

## 要点导航：

迷你图是 Excel 中的一种图表制作工具，它以单元格为绘图区域，简单、便捷地为我们绘制出简明的数据小图表，方便地把数据以小图的形式呈现在读者的面前，它是存在于单元格中的小图表。

**01** 选择单元格，切换至"插入"选项卡，在"迷你图"组中单击"折线图"按钮。

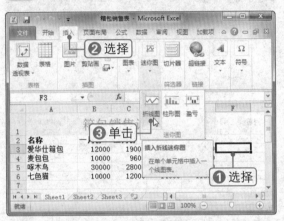

**02** 在弹出的"创建迷你图"对话框中设置数据范围，单击"确定"按钮。

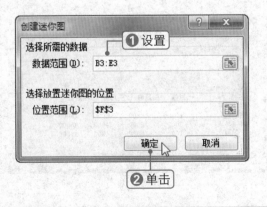

**03** 返回工作表，查看在 F3 单元格中创建的迷你折线图。

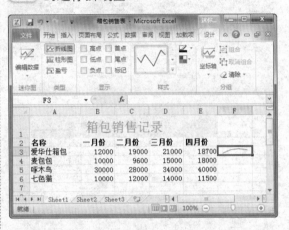

**04** 向下拖动 F3 单元格右下角的填充柄，填充迷你图。

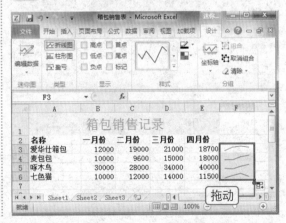

## 专家指点

### 更改迷你图所在单元格

可以在含有迷你图的单元格中直接输入文本，并设置文本格式，也可以为迷你图所在的单元格设置填充颜色。当单元格大小发生变化时，迷你图也将随之改变。

素材文件：箱包销售表.xlsx  视频文件：设置迷你图样式.swf

# 168 设置迷你图样式

难度系数：

学习时间：
8分钟

**要点导航：**

在完成迷你图创建后，可以根据需要修改其样式，如添加显示标记、应用内置样式、更改颜色、编辑数据，以及更改类型等。

**01** 选中迷你图所在的单元格区域，选择"设计"选项卡。

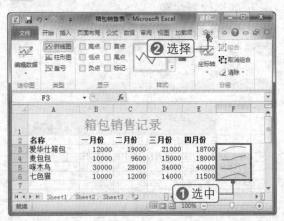

**02** 在"显示"组中选中"标记"复选框，添加标记。

**03** 在"样式"组中单击"其他"按钮，选择要应用的迷你图样式。

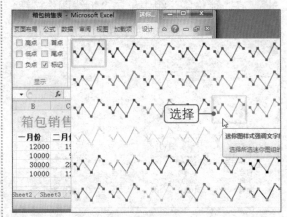

**04** 在工作表中查看效果，迷你图中均已显示出标记。

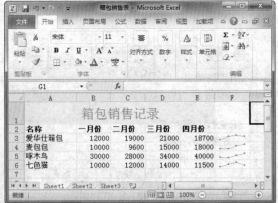

# 第7章

# Excel安全设置与内容保护秘笈

Excel 提供了全方位的数据保护机制，可以对工作簿、工作表设置多种保护方式，还可以通过用户、密码与数字签名等方式保护数据。本章将详细介绍如何隐藏保护数据，如何使用密码保密数据，以及使用其他方式保护数据等技巧。

## 169

难度系数：
● ● ● ● ●

学习时间：
6分钟

视频文件：光盘：视频文件/第7章/保护视图打开不安全文档.swf

# 保护视图打开不安全文档

**要点导航：**

从网上下载文件或打开不明文档时，可以使用受保护视图方式打开，这样可以有效地防止病毒传播。

**01** 打开"Excel 选项"对话框，在左侧选择"信任中心"选项，在右侧单击"信任中心设置"按钮。

**02** 在左侧选择"受保护的视图"选项，在右侧取消选择"启用数据执行保护模式"复选框，单击"确定"按钮。

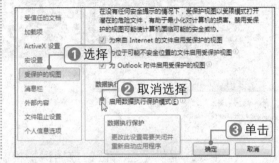

## 170

难度系数：
● ● ● ● ●

学习时间：
6分钟

视频文件：光盘：视频文件/第7章/禁止显示安全警告信息.swf

# 禁止显示安全警告信息

**要点导航：**

当打开的文档中存在潜在的危险内容时，消息栏会在功能区下方弹出安全警告。通过相关的设置可以禁止安全警告的显示。

**01** 打开"Excel 选项"对话框，在左侧选择"信任中心"选项，在右侧单击"信任中心设置"按钮。

**02** 在左侧选择"消息栏"选项，在右侧选中"从不显示有关被阻止内容的信息"单选按钮，单击"确定"按钮。

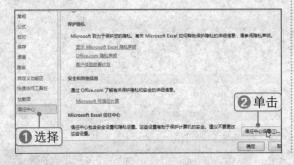

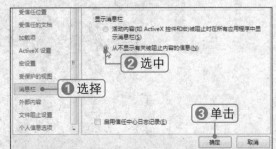

# 171

难度系数：

学习时间：
6分钟

视频文件：光盘：视频文件/第7章/设置外部数据安全选项.swf

## 设置外部数据安全选项

**要点导航：**

外部数据是指有潜在危险的外部源中连接或链接到表格中的内容。用户可以设置数据连接于文档链接的安全选项，启用或禁用外部内容。

**01** 打开"Excel 选项"对话框，在左侧选择"信任中心"选项，在右侧单击"信任中心设置"按钮。

**02** 弹出"信任中心"对话框，在左侧选择"外部内容"选项，在右侧设置外部内容的安全选项，单击"确定"按钮。

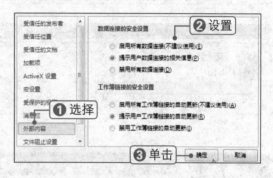

# 172

难度系数：

学习时间：
8分钟

视频文件：光盘：视频文件/第7章/将Excel文档保存在信任区域.swf

## 将Excel文档保存在信任区域

**要点导航：**

将 Excel 文档存储在受信任区域后，再次打开文档时信任中心安全功能就不会检查该文件，否则将对文档进行检查。

**01** 启动 Excel 2010，选择"文件"选项卡，单击"选项"按钮。

**02** 弹出"Excel 选项"对话框，在左侧选择"信任中心"选项，在右侧单击"信任中心设置"按钮。

175

**03** 在左侧选择"受信任位置"选项，在右侧选择要修改的路径，单击"修改"按钮。

**04** 通过单击"浏览"按钮设置路径，并在下方输入说明信息，然后单击"确定"按钮。

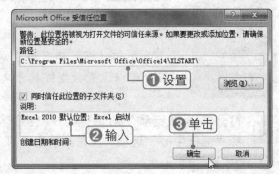

---

### 专家指点

**文档保存方法**

方法一：按【Ctrl+S】组合键，可以快速保存文档；方法二：在"文件"选项卡下单击"保存"按钮；方法三：在"文件"选项卡下单击"另存为"按钮。

---

**173**

视频文件：光盘：视频文件/第7章/对工作簿链接进行安全设置.swf

# 对工作簿链接进行安全设置

**难度系数：**
●●●●●

**学习时间：**
6分钟

**要点导航：**

在 Excel 中，除了可以对工作簿、工作表进行安全设置，还可以对链接的外部文档进行安全设置。

**01** 打开"Excel 选项"对话框，在左侧选择"信任中心"选项，在右侧单击"信任中心设置"按钮。

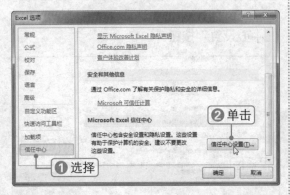

**02** 在左侧选择"外部内容"选项，在右侧设置安全选项，单击"确定"按钮。

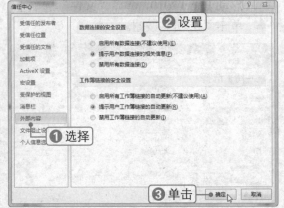

# 174

**难度系数:**
●●●●●

**学习时间:**
6分钟

视频文件:光盘:视频文件/第7章/设置ActiveX安全选项.swf

# 设置ActiveX安全选项

**要点导航:**

在信任中心可以将 ActiveX 控件选项设置为需要的级别,防止黑客利用它传播病毒,从而达到保护电脑安全的目的。

**01** 打开"Excel 选项"对话框,在左侧选择"信任中心"选项,在右侧单击"信任中心设置"按钮。

**02** 在左侧选择"ActiveX 设置"选项,在右侧设置相关参数,单击"确定"按钮。

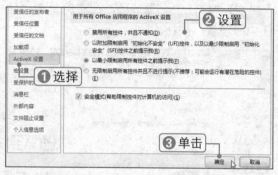

# 175

**难度系数:**
●●●●●

**学习时间:**
6分钟

视频文件:光盘:视频文件/第7章/设置宏安全性.swf

# 设置宏安全性

**要点导航:**

宏的用途是使常用任务自动化。黑客可以通过某个文档引入恶意宏,一旦打开该文档,这个恶意宏就会运行,并且可能在电脑上传播病毒。因此应该进行宏安全设置,以便安全地打开包含宏的工作簿。

**01** 打开"Excel 选项"对话框,在左侧选择"信任中心"选项,在右侧单击"信任中心设置"按钮。

**02** 弹出"信任中心"对话框,在左侧选择"宏设置"选项,在右侧设置参数,单击"确定"按钮。

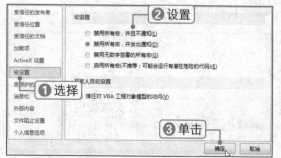

视频文件：光盘：视频文件/第7章/设置在线搜索家长控制.swf

# 176

**难度系数：**

**学习时间：**
12分钟

# 设置在线搜索家长控制

**要点导航：**

　　信息检索选项是 Office 2010 中提供的一些特定的参考书籍和信息检索站点，可满足多语言需求等。用户可以根据需要为信息检索开启家长控制功能，以阻止不良内容或带有攻击性内容。

**01** 打开"Excel 选项"对话框，在左侧选择"信任中心"选项，在右侧单击"信任中心设置"按钮。

**02** 弹出"信任中心"对话框，在左侧选择"个人信息选项"选项，在右侧单击"信息检索选项"按钮。

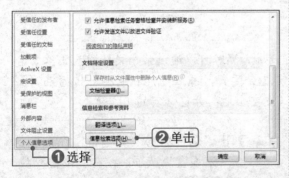

**03** 弹出"信息检索选项"对话框，单击"家长控制"按钮。

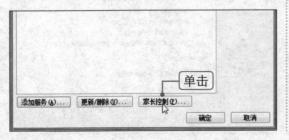

**04** 启动家长控制并设置密码，单击"确定"按钮。

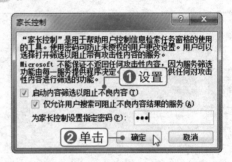

**05** 弹出"确认密码"对话框，重新输入密码，单击"确定"按钮。

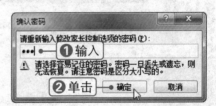

**06** 返回"信息检索选项"对话框，显示家长控制已打开，单击"确定"按钮。

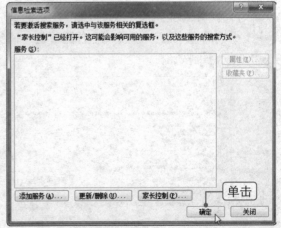

**177**

难度系数:
●●●○○○

学习时间:
8分钟

素材文件: 期末成绩表.xlsx          视频文件: 设置工作簿密码.swf

# 设置工作簿密码

**要点导航:**

当工作簿中涉及保密内容时,可以为工作簿添加密码,只有授权用户才能打开工作簿,从而保护文档。

**01** 选择"文件"选项卡,在右侧单击"保护工作簿"下拉按钮,选择"用密码进行加密"选项。

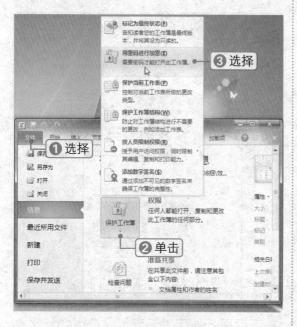

**02** 弹出"加密文档"对话框,输入密码,单击"确定"按钮。

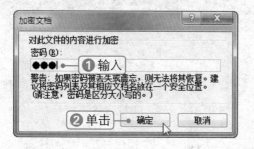

**03** 重新输入密码进行确认,单击"确定"按钮。

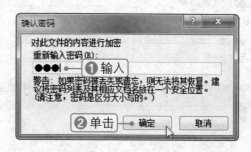

**04** 保存文档后关闭工作簿,再次打开时将弹出"密码"对话框,输入正确的密码,单击"确定"按钮。

**05** 此时即可打开工作表,查看工作表中的内容。

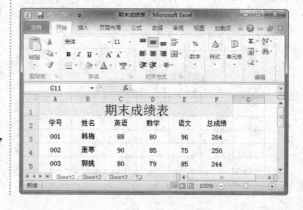

Excel图形和图表操作秘笈

Excel安全设置与内容保护秘笈

Excel协作与共享秘笈

VBA与宏应用秘笈

Excel打印与输出秘笈

素材文件：期末成绩表.xlsx　　 视频文件：隐藏行或列.swf

# 178

**隐藏行或列**

难度系数：
●●●○○

学习时间：
10分钟

**要点导航：**

　　在工作表中如果部分行或列不希望允许其他用户查看，则可以将这些行或列隐藏起来。

**01** 选择要隐藏的行或列并右击，选择"隐藏"命令。

**03** 选中跨越隐藏行的多行或单元格区域并右击，选择"取消隐藏"命令。

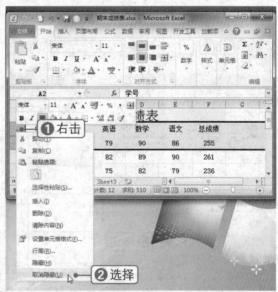

**02** 返回工作表，查看隐藏效果，第3、4行被隐藏。

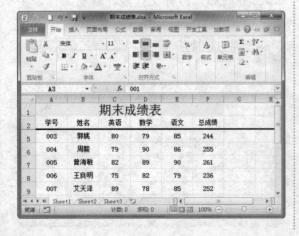

**04** 返回工作表进行查看，隐藏的行又显示出来了。

# 179

难度系数:
●●●○○

学习时间:
10分钟

 素材文件：期末成绩表.xlsx　　视频文件：隐藏工作表.swf

## 隐藏工作表

**要点导航:**

　　在一个工作簿中可以创建多个工作表，可以根据需要将暂时不用的工作表隐藏起来。可以一次隐藏多个工作表，但只能一次取消隐藏一个工作表。在一个工作簿中，至少要包含一个可见的工作表。

**01** 右击要隐藏的工作表标签,选择"隐藏"命令。

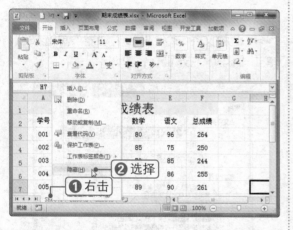

**02** 返回工作表查看,此时 Sheet1 工作表已被隐藏。

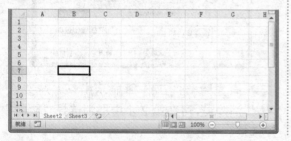

**03** 右击任一工作表标签,选择"取消隐藏"命令。

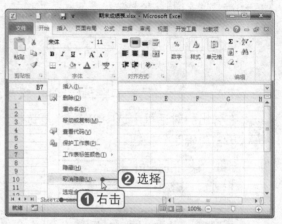

**04** 选择要取消隐藏的工作表,单击"确定"按钮,隐藏的工作表即可显示出来。

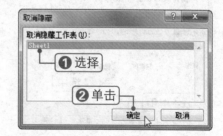

# 180

难度系数:
●●●○○

学习时间:
10分钟

 素材文件：期末成绩表.xlsx　　视频文件：隐藏工作簿.swf

## 隐藏工作簿

**要点导航:**

　　在 Excel 2010 中隐藏工作簿，可使其在程序窗口中不可见，在"视图"选项卡下"窗口"组中单击"隐藏"按钮即可。

**01** 右击工作簿，在弹出的快捷菜单中选择"属性"命令。

**02** 在弹出的对话框中选中"隐藏"复选框，单击"确定"按钮。

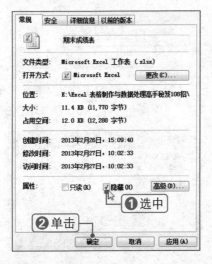

**03** 这时，查看设置效果，可以看到工作簿已经被隐藏。

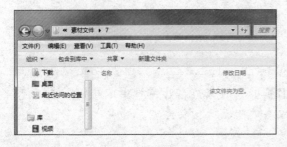

**04** 单击"工具"|"文件夹选项"命令，或者在工具栏中单击"组织"|"文件夹和搜索选项"命令。

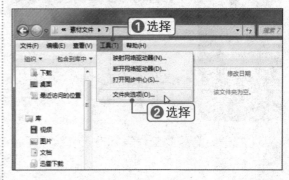

**05** 选择"查看"选项卡，选中"显示隐藏的文件、文件夹和驱动器"单选按钮，单击"确定"按钮。

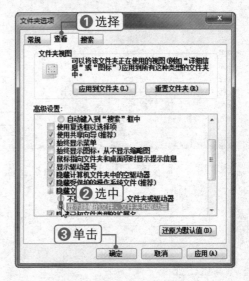

**06** 原先隐藏的工作簿显示出来。若要取消隐藏，可在第2步中取消选择"隐藏"复选框。

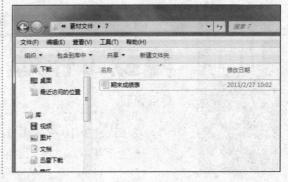

# 181

难度系数:
●●●●○

学习时间:
12分钟

素材文件:期末成绩表.xlsx

视频文件:设置工作表密码.swf

# 设置工作表密码

**要点导航:**

在传阅工作表的过程中,为了防止工作表的内容被修改,可以为其设置保护密码,使工作表只能读而无法修改。

---

**01** 选择"审阅"选项卡,在"更改"组中单击"保护工作表"按钮。

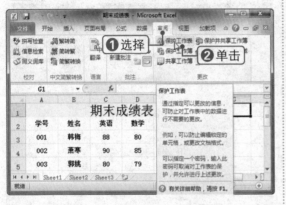

**02** 弹出"保护工作表"对话框,输入取消工作表保护时使用的密码,单击"确定"按钮。

**03** 弹出"确认密码"对话框,重新输入密码,单击"确定"按钮。

**04** 在更改工作表中数据时会弹出警告信息框,单击"确定"按钮。

**05** 选择"审阅"选项卡,在"更改"组中单击"撤销工作表保护"按钮。

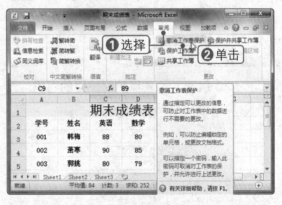

**06** 输入前面设置的密码,单击"确定"按钮。

**07** 返回工作表,这时便可以对工作表中的数据进行更改。

 素材文件：期末成绩表.xlsx　　 视频文件：限定工作表可用操作.swf

# 182 限定工作表可用操作

难度系数：

学习时间：
12分钟

**要点导航：**

　　在 Excel 中可以根据需要限定工作表的可用操作，将需要保护的操作设置为不可用状态。

**01** 选择"审阅"选项卡，在"更改"组中单击"保护工作表"按钮。

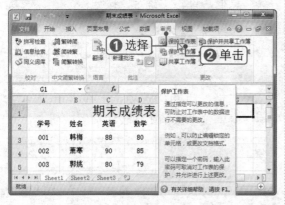

**02** 输入取消工作表保护时使用的密码，设置允许用户进行的操作，单击"确定"按钮。

**03** 弹出"确认密码"对话框，重新输入密码，单击"确定"按钮。

**04** 右击任一单元格，查看可以使用的命令，如"设置单元格格式"命令。

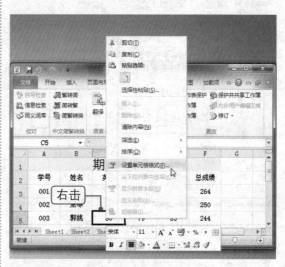

**05** 查看其中不可用的命令，如"删除"命令。

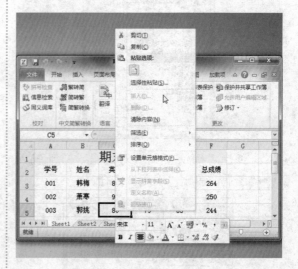

**06** 选择"审阅"选项卡,在"更改"组中单击"撤销工作表保护"按钮。

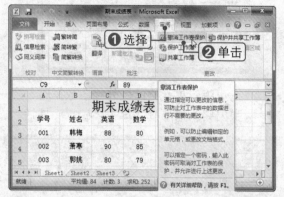

**07** 弹出"撤销工作表保护"对话框,输入撤销工作表保护的密码,单击"确定"按钮。

**08** 返回工作表,右击任一单元格,查看可用的命令。

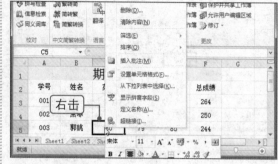

---

# 183 允许用户编辑指定区域

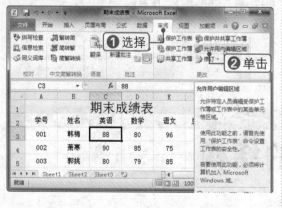

素材文件:期末成绩表.xlsx 视频文件:允许用户编辑指定区域.swf

难度系数:

学习时间:
12分钟

**要点导航:**

在设置工作表保护后,还可以指定允许用户编辑的区域,这样既能保护工作表的重要区域不被更改,又能让用户在指定的区域修改数据。

**01** 选择"审阅"选项卡,在"更改"组中单击"允许用户编辑区域"按钮。

**02** 弹出"允许用户编辑区域"对话框,单击"新建"按钮。

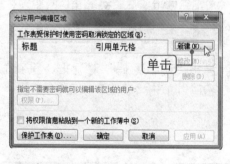

**03** 弹出"新区域"对话框,设置新区域参数,单击"确定"按钮。

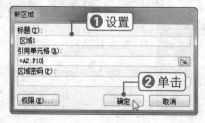

**04** 返回"允许用户编辑区域"对话框,单击"确定"按钮。在"更改"组中单击"保护工作表"按钮。

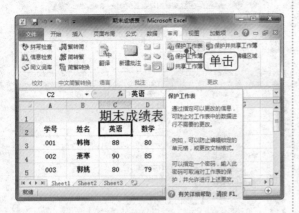

**05** 输入取消工作表保护时使用的密码,单击"确定"按钮。

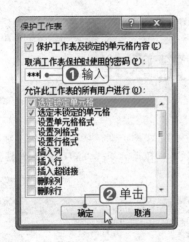

**06** 弹出"确认密码"对话框,重新输入密码,单击"确定"按钮。

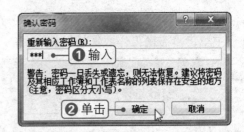

**07** 在可编辑单元格区域外修改数据时,会弹出警告信息框,单击"确定"按钮。

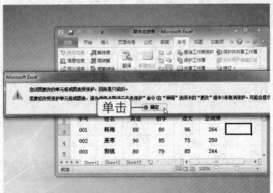

**08** 在可编辑区域编辑数据时,可以顺利地进行。

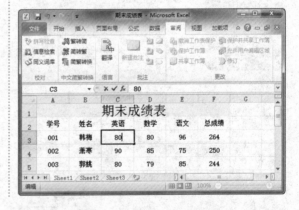

素材文件:期末成绩表.xlsx　　　视频文件:保护工作簿的结构.swf

# 184 保护工作簿的结构

**难度系数:**
●●○○○

**学习时间:**
8分钟

**要点导航:**

若要防止别的用户在工作簿中添加、删除、移动、重命名或隐藏工作表,可以设置密码来保护工作簿的结构。

**01** 选择"文件"选项卡，单击"保护工作簿"按钮，选择"保护工作簿结构"选项。

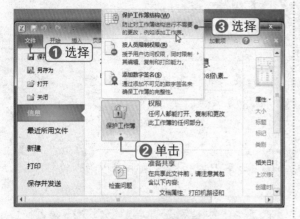

**02** 在弹出的对话框中选中"结构"复选框，输入密码，单击"确定"按钮。

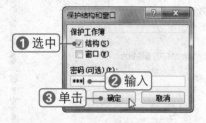

**03** 弹出"确认密码"对话框，重新输入密码，单击"确定"按钮。

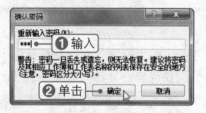

**04** 此时，右击工作表标签，可以看到很多命令处于不可用状态。

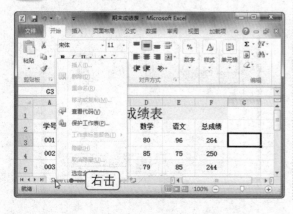

**05** 单击工作表标签右侧的"插入工作表"按钮，也不可用。

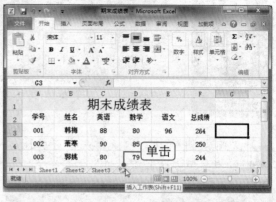

**06** 选择"审阅"选项卡，单击"保护工作簿"下拉按钮，选择"保护工作簿结构"选项。

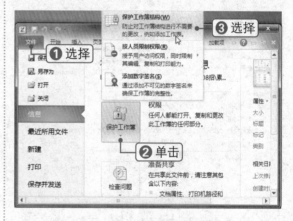

**07** 输入撤销工作簿保护的密码，单击"确定"按钮，即可撤销工作簿保护。

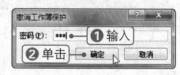

**08** 单击"插入工作表"按钮，即可插入一个新的工作表。

# 185

**难度系数：**
●●●●○

**学习时间：**
10分钟

视频文件：光盘：视频文件/第7章/保护共享网络文件夹.swf

# 保护共享网络文件夹

**要点导航：**

对于在网络上共享的文件夹，如果只允许用户读取而不允许其编辑，这时可以设置文件夹的共享权限为只读状态。

**01** 右击要进行共享的文件夹，在弹出的快捷菜单中选择"属性"命令。

**03** 选中"共享此文件夹"复选框，设置共享用户数量，单击"权限"按钮。

**02** 在弹出的对话框中选择"共享"选项卡，单击"高级共享"按钮。

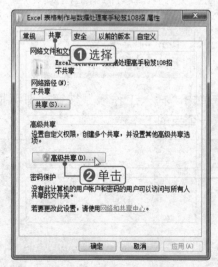

**04** 在弹出的"权限"对话框中只选中"读取"复选框，单击"确定"按钮。

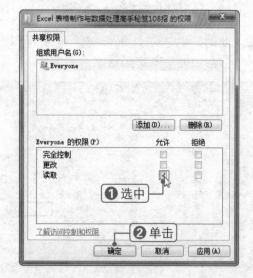

**05** 单击文件夹，在细节窗格中可以看到该文件夹已经共享，这时文件夹只能被网络用户读取而不能更改。

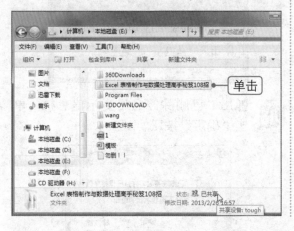

**06** 在"高级共享"对话框中取消选择"共享此文件夹"复选框，单击"确定"按钮即可取消文件夹的共享。

---

186

素材文件：期末成绩表.xlsx　　　视频文件：添加数字签名.swf

# 添加数字签名

难度系数：

学习时间：
15分钟

**要点导航：**

数字签名是电子邮件、宏或电子文档等数字信息上一种经过加密的电子身份验证戳。数字签名可以确保数字文档的有效性和真实性。

**01** 选择"文件"选项卡，在右侧单击"保护工作簿"下拉按钮，选择"添加数字签名"选项。

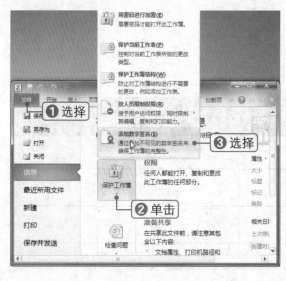

**02** 弹出提示信息框，单击"确定"按钮进行确认。

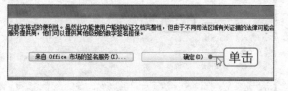

**03** 输入签名的目的，单击"更改"按钮可以选择签名，单击"签名"按钮。

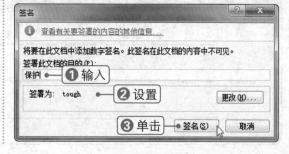

**04** 弹出"签名确认"对话框,单击"确定"按钮。

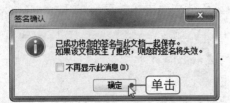

**05** 返回"文件"选项卡,查看签名信息,这时工作簿已经添加了签名。

**06** 选择"文件"选项卡,将弹出提示信息,单击"仍然编辑"按钮。

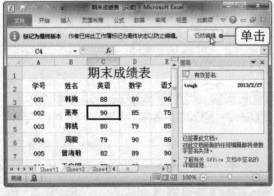

**07** 弹出警告信息框,单击"是"按钮,即可删除工作簿中的签名。

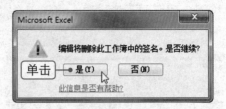

**08** 弹出"已删除签名"提示信息框,单击"确定"按钮。

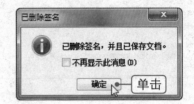

**09** 选择"文件"选项卡,查看签名信息,数字签名已删除。

●读书笔记

精彩无限，从这里开始……

# 第8章
# Excel协作与共享秘笈

在实际工作中，数据管理通常是由多人参与完成的，这就涉及 Excel 数据共享问题。为了实现多人共同编辑数据，Excel 提供了协作与共享的机制，而不再是仅限同一时间一个用户处理，这为团队使用 Excel 协同工作提供了很大的方便。本章将详细介绍如何使用共享工作簿，如何解决共享工作簿中的冲突修订，以及如何使用云工作等技巧。

# 187

## 共享文件夹

**难度系数：**

**学习时间：**
10分钟

**要点导航：**

共享文件夹就是指某台电脑用来和其他电脑之间相互分享的文件夹。共享文件夹后，其他用户可以通过局域网对该文件夹进行访问和编辑。

**01** 右击要共享的文件夹，在弹出的快捷菜单中选择"属性"命令。

**02** 选择"共享"选项卡，单击"高级共享"按钮。

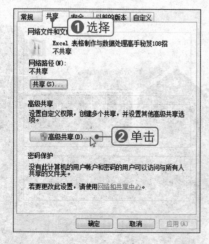

**03** 选中"共享此文件夹"复选框，单击"权限"按钮。

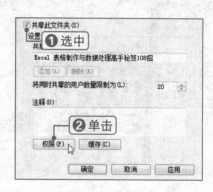

**04** 选择 Everyone 组，选中所有"允许"复选框，单击"确定"按钮。

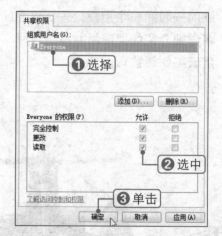

**05** 选择共享文件夹，在细节窗格中可以看到该文件夹已经共享。

# 188 共享工作簿

难度系数：●●●○○

学习时间：10分钟

素材文件：成交记录表.xlsx　　视频文件：共享工作簿.swf

**要点导航：**

除了可以设置共享文件夹外，还可以设置共享工作簿，将其放在可供几个人同时编辑内容的一个网络位置上（如共享文件夹中）。

**01** 打开要进行共享的工作簿，查看工作簿的标题栏名称。

**02** 选择"审阅"选项卡，在"更改"组中单击"共享工作簿"按钮。

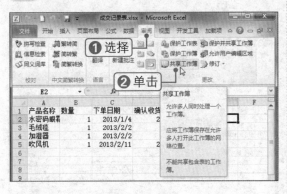

**03** 选择"编辑"选项卡，选中"允许多用户同时编辑，同时允许工作簿合并"复选框。

**04** 选择"高级"选项卡，设置修订、更新等参数，单击"确定"按钮。

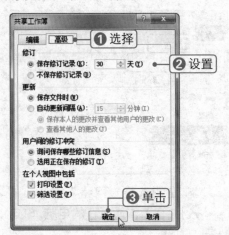

**05** 弹出警告信息框，单击"确定"按钮，保存文档。

**06** 返回工作簿，此时工作簿标题栏中出现"[共享]"字样。

193

# 189

难度系数:
●●●○○

学习时间:
10分钟

视频文件：光盘：视频文件/第8章/打开共享工作簿.swf

## 打开共享工作簿

**要点导航：**

在 Excel 中，可以设置工作簿的共享来加快数据的录入速度，当多人一起在共享工作簿上工作时，Excel 会自动保持信息不断更新。

**01** 选择"文件"选项卡，然后选择"打开"选项。

**02** 在左侧选择"网络"选项，在右侧找到共享工作簿所在的电脑，单击"打开"按钮。

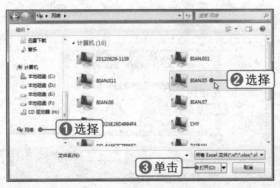

**03** 在打开的窗口中双击共享工作簿所在的文件夹。

**04** 选择要打开的共享工作簿，单击"打开"按钮。

# 190

难度系数:
●●●○○

学习时间:
10分钟

素材文件：共享工作簿.xlsx      视频文件：添加修订信息.swf

## 添加修订信息

**要点导航：**

如果要查看工作表中进行了什么修改，可以通过设置突出显示修订来显示修订的内容。

**01** 打开要添加修订信息的工作簿，修改单元格内容数据。

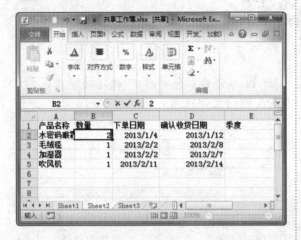

**02** 选择"审阅"选项卡，在"更改"组中单击"修订"按钮。

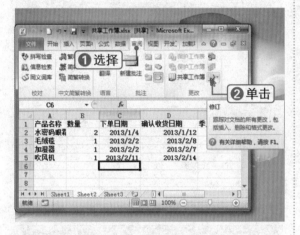

**03** 在弹出的下拉列表中选择"突出显示修订"选项。

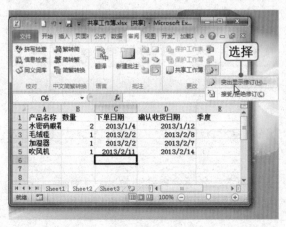

**04** 设置修订时间、修订人等选项，单击"位置"文本框右侧的折叠按钮。

**05** 选择要查看的区域，再次单击折叠按钮，然后单击"确定"按钮。

**06** 被修订的单元格右上角显示小三角，单击或将鼠标指针移至单元格上，即可显示修订信息。

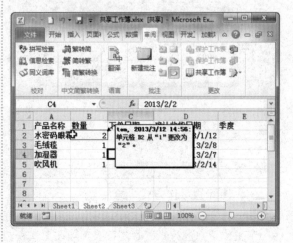

素材文件：添加修订信息.xlsx　　　　　　视频文件：接受或拒绝修订.swf

# 191

难度系数：

学习时间：
15分钟

## 接受或拒绝修订

**要点导航：**

使用网络共享的工作簿，Excel 不会自动保存用户进行的修订，需要对修订进行确认或拒绝后才是最终的操作结果。

**01** 选择"审阅"选项卡，在"更改"组中单击"修订"下拉按钮，选择"接受/拒绝修订"选项。

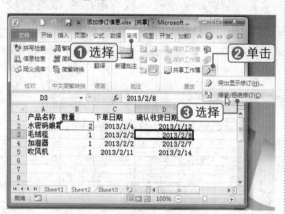

**02** 设置修订选项，单击"位置"文本框右侧的折叠按钮。

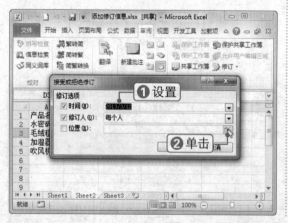

**03** 在工作表中选择数据区域，再次单击折叠按钮。

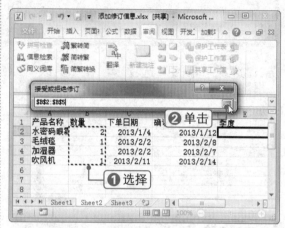

**04** 显示第一个被修改的选项，根据需要单击"接受"按钮。

---

**专家指点**

### 修订的工作方式

修订仅在共享工作簿中可用。实际上，在打开修订时工作簿会自动变为共享工作簿。在共享工作簿中进行修订时，可以直接在工作表或单独的冲突日志工作表中查看修订记录。

**05** 返回工作表查看修订结果，单元格 B2 从 1 更改为 2。

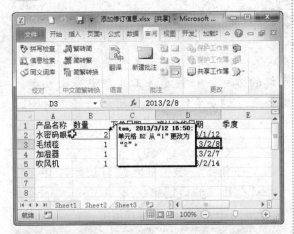

**06** 修改单元格数据，显示修订为"单元格 B4 从'1'更改为'3'"。

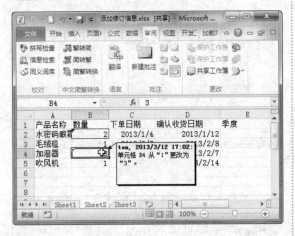

**07** 选择"审阅"选项卡，在"更改"组中单击"修订"下拉按钮，选择"接受/拒绝修订"选项。

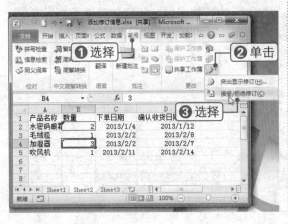

**08** 弹出提示信息框，单击"确定"按钮，保存文档。

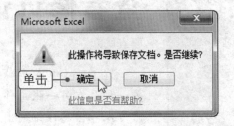

**09** 弹出"修改或拒绝修订"对话框，设置修订选项，单击"确定"按钮。

**10** 显示被修改的选项，单击"拒绝"按钮，拒绝单元格内容被修订。

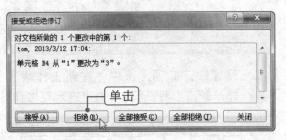

**11** 返回工作表查看，单元格 B4 从修改后的 3 恢复到原来的 1。

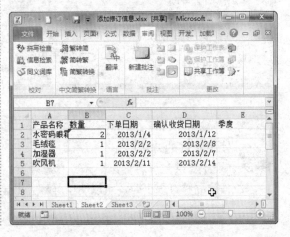

素材文件：添加修订信息.xlsx

 视频文件：查看修订记录.swf

# 192

## 查看修订记录

难度系数：

学习时间：
10分钟

**要点导航：**

在 Excel 中有两种显示修订的方式，一种是在工作表中突出显示，另一种是在另一张工作表中显示。通过查看修订记录，可以将修订时间、修订人等信息详细列出来。

**01** 选择"审阅"选项卡，在"更改"组中单击"修订"下拉按钮，选择"突出显示修订"选项。

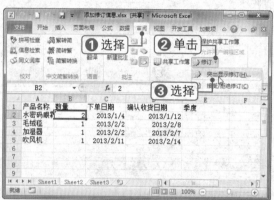

**02** 设置修订选项，选中"在新工作表上显示修订"复选框，单击"确定"按钮。

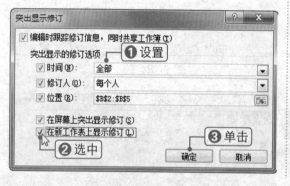

**03** 在新工作表中显示修订记录，并详细列出了修订信息。

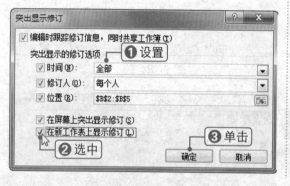

---

**专家指点**

### 删除修订记录

通过从当前时间向前追溯，Excel 可确定保留哪些修订记录。每次关闭工作簿时，Excel 都会清除那些超过了有效期的修订记录。如果关闭跟踪修订信息或不再共享工作簿，则所有的修订记录都将永久删除。

---

**专家指点**

### 使用修订的方法

Excel 提供了屏幕突出显示、日志冲突跟踪、审阅修订三种方法来访问和使用修订记录。当工作簿的修订很少时，可以使用屏幕突出显示；修订较多或要查看修订的详细内容时，可以使用日志冲突跟踪。

# 193

**难度系数:**
●●●○○

**学习时间:**
10分钟

素材文件：成交记录表.xlsx

视频文件：添加比较合并工具.swf

## 添加比较合并工具

**要点导航:**

在进行比较和合并工作表时，需要使用比较合并工具，但默认情况下各选项卡中是不包括该工具的，需要手动添加。

**01** 选择"文件"选项卡,然后单击"选项"按钮。

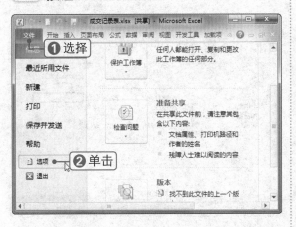

**02** 在左侧选择"快速访问工具栏"选项,在右侧选择"所有命令"列表中的"比较和合并工作簿"命令。

**03** 单击"添加"按钮,将其添加到右侧列表中,单击"确定"按钮。

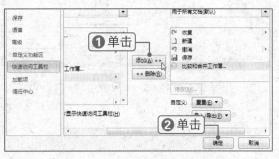

**04** 此时，在程序窗口的快速工具栏中即可看到该按钮。

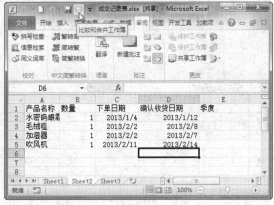

# 194

**难度系数:**
●●●●○

**学习时间:**
12分钟

素材文件：光盘：素材文件/第8章/成交记录表.xlsx、成交记录表1.xlsx

## 比较合并工作簿

**要点导航:**

如果将两个及两个以上的工作簿进行合并，并且比较这些工作簿之间所做的更新，可以使用"比较和合并工作簿"功能。

视频文件：光盘：视频文件/第8章/比较合并工作簿.swf

**01** 单击快速访问工具栏中的"比较和合并工作簿"按钮。

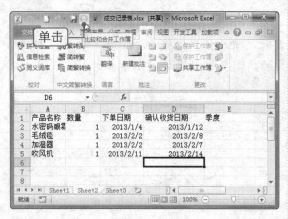

单击

**02** 选择要合并的文件，然后单击"确定"按钮。

❶ 选择

❷ 单击

**03** 合并后只显示一个工作簿，同时会显示工作簿间不同的数据。

视频文件；光盘：视频文件/第8章/登录SkyDrive.swf

## 195

难度系数：

学习时间：
5分钟

# 登录SkyDrive

**要点导航：**

通过 Windows Live ID 账户登录到 SkyDrive，可以上传图片、文档等到 SkyDrive 中进行存储，还可以进行管理与下载，以及分享给联系人。

**01** 打开浏览器，登录网站 http://skydrive.live.com。输入账号和密码进行登录。若没有账号，则需先进行注册。

输入

**02** 在成功登录 SkyDrive 后，即可打开其操作页面。

# 196

难度系数：

学习时间：
10分钟

## 创建文件夹

**要点导航：**

　　默认账户下会有几个文件夹，用户也可以根据实际需要重新创建文件夹，以便于进行管理。

**01** 单击"创建"下拉按钮，在弹出的列表中选择"文件夹"选项。

**02** 输入文件夹的名称，在此输入"云共享文件夹"。

**03** 单击 SkyDive 右侧的下拉按钮，选择"人脉"选项。

**04** 在"人脉"页面中可以新建人脉或管理人脉。

---

## 专家指点

### SkyDrive文件管理

　　SkyDrive 的文件管理方式与 Windows 基本相同，SkyDrive 可以创建多级目录，对文件、文件夹进行移动、复制、共享与删除等操作。

视频文件：光盘：视频文件/第8章/上载文件.swf

# 197 上载文件

难度系数：
●●●●○

学习时间：
10分钟

**要点导航：**

照片和文档可以随时上传到 SkyDrive ，除了可以作为备份，也便于用户异地使用，分享给家人和同事。

**01** 选择"文件"选项卡，单击创建的"云共享文件夹"文件夹。

**02** 打开云共享文件夹，在上方单击"上载"按钮。

**03** 弹出"选择要加载的文件"对话框，选择要上载的文件，单击"打开"按钮。

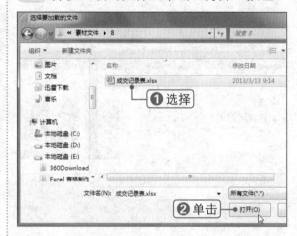

**04** 文件上载完成后，即可在云共享文件夹中看到该文件。

## 专家指点

### 权限控制（1）

如果将照片、文件等存储到个人文件夹中，只有自己可以访问这些文件；如果保存到共享文件夹中，可以与联系人列表、Windows Live 网络中的联系人共享文件。

# 198

难度系数：

⬤⬤⬤◯◯

学习时间：
10分钟

# 在网络上创建空白工作簿

**要点导航：**

在没有安装 Excel 的电脑上，可以直接在网络上创建空白工作簿，还可以创建 Word 文档等常用文件。

**01** 在左侧选择"文件"选项，单击"云共享文件夹"文件夹。

**02** 单击"创建"下拉按钮，选择"Excel 工作簿"选项。

**03** 弹出"新建 Microsoft Excel 工作簿"对话框，输入名称，单击"创建"按钮。

**04** 创建一个新工作簿，从中进行所需的操作。

---

**专家指点**

**权限控制（2）**

如果保存到公共文件夹，Internet 上的任何人都可以查看该顶层文件夹中的照片和文件，但只有创建者才可以编辑这些照片和文件。

视频文件：光盘：视频文件/第8章/在Excel中打开SkyDrive中的工作簿.swf

# 199 在Excel中打开SkyDrive中的工作簿

难度系数：
●●●○○

学习时间：
10分钟

**要点导航：**

由于不是所有的操作都可以在浏览器中完成，这时需要将工作簿在Excel程序中打开，以便进行其他操作。

**01** 在浏览器中打开工作簿后，在左侧选择"信息"选项，在右侧单击"在Excel中打开"按钮。

**02** 弹出提示信息框，单击"确定"按钮，即可打开共享工作簿。

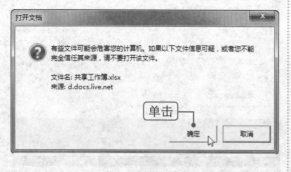

**03** 在弹出的对话框中输入电子邮件地址和密码，单击"确定"按钮。

**04** 成功登录后，将自动启动Excel程序并打开工作簿，在工作表上方显示"[受保护的视图]"提示信息。

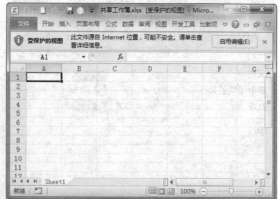

---

**专家指点**

**取消文件共享**

对于已共享的文件，可以登录SkyDrive，然后选择要取消共享的文件，在页面右侧的操作面板中删除共享相关链接与联系人即可。

# 200

**将工作簿保存到Web**

难度系数：
⬤⬤⚪⚪⚪

学习时间：
5分钟

**要点导航：**

　　用户也可以将编辑好的工作簿直接保存到 SkyDrive 中，其他用户就可以通过 Internet 对其进行查看或编辑了。

**01** 选择"文件"选项卡，在左侧选择"保存并发送"选项，在右侧选择"保存到 Web"选项。

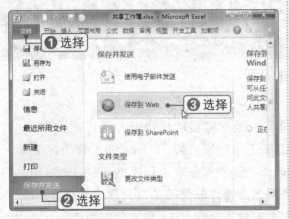

**02** 在右侧选择要保存到的"云共享文件夹"，单击"另存为"按钮。

**03** 弹出"另存为"对话框，输入文件名，单击"保存"按钮。

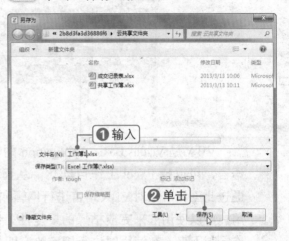

**04** 登录 SkyDrive 进行查看，工作簿 1 已保存到"云共享文件夹"中。

205

精彩无限，从这里开始……

# 第9章

# VBA与宏应用秘笈

VBA 是 Visual Basic Application 的缩写，是一种自动化语言。通过使用 VBA 语言，可以使 Excel 工作自动化，从而提高工作效率。编译 VBA 的工具为 VBE，通过此工具可以对 VBA 语言进行编辑和编译。宏，类似于应用程序，内嵌在 Excel 中，用户可以使用宏来完成枯燥的重复性工作。宏的操作非常简单，只需将所需要的操作录制下来，在使用时执行相应的宏即可。本章将介绍 VBA 和宏的使用技巧。

# 201

难度系数：

学习时间：
8分钟

## 设置VBA工作环境

**要点导航：**

在编写 VBA 程序之前要熟悉它的编程环境，首先要添加"开发工具"选项卡，通过开发工具进入相应的界面。

**01** 选择"文件"选项卡，然后单击"选项"按钮。

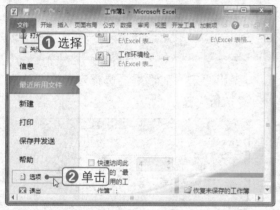

**02** 在左侧选择"自定义功能区"选项，在右侧选中"开发工具"复选框。

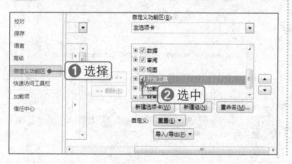

**03** 在左侧选择"高级"选项，在右侧选中"显示加载项用户接口错误"复选框，单击"确定"按钮。

**04** 返回工作表，在功能区中可以看到新增的"开发工具"选项卡。

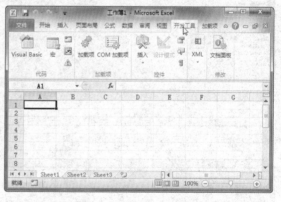

素材文件：隐藏行.xlsx    视频文件：选择性地隐藏行.swf

# 202

难度系数：

学习时间：
12分钟

## 选择性地隐藏行

**要点导航：**

在实际使用 Excel 时不能选择性地隐藏行，但使用 VBA 代码却能够轻松实现。

**01** 选择"开发工具"选项卡，在"代码"组中单击 Visual Basic 按钮。

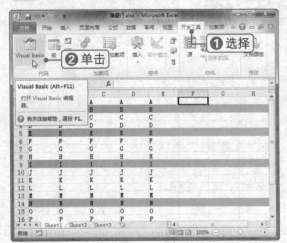

**02** 单击"插入"|"模块"命令，插入一个新模块。

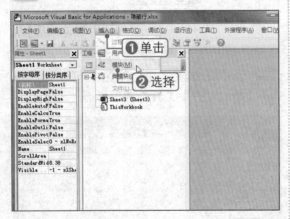

**03** 在新模块中输入 VBA 代码，单击"保存"按钮，然后单击"关闭"按钮。

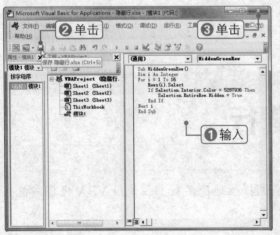

**04** 返回工作表,在"代码"组中单击"宏"按钮。

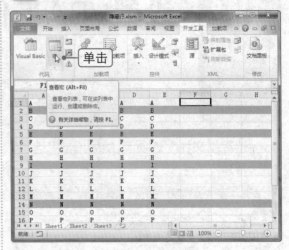

**05** 弹出"宏"对话框，选择宏名称，单击"执行"按钮。

**06** 返回工作表，查看隐藏效果，绿色的行都已经被隐藏了。

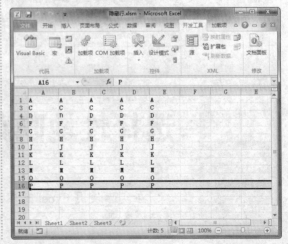

**07** 在"开发工具"选项卡下"代码"组中单击 Visual Basic 按钮。

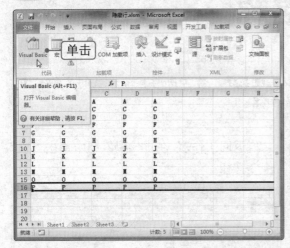

**08** 单击"插入"|"模块"命令，插入一个新模块。

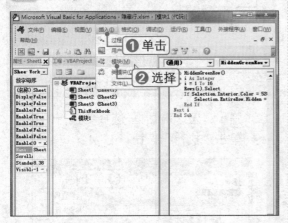

**09** 在新模块中输入代码，单击"保存"按钮，然后单击"关闭"按钮。

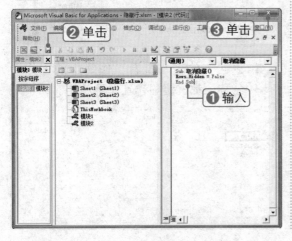

**10** 返回工作表，在"代码"组中单击"宏"按钮。

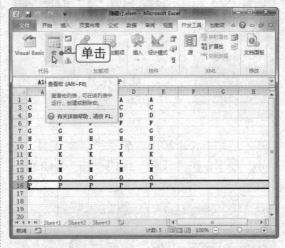

**11** 选择"取消隐藏"宏名，单击"执行"按钮。

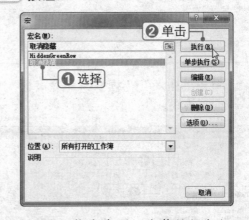

**12** 返回工作表查看，隐藏的绿色行又重新显示出来了。

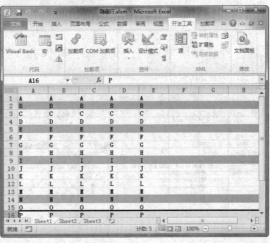

# 203 获取工作表名称

难度系数：
●●●●○

学习时间：
10分钟

**要点导航：**

通过编辑 VBA 代码可以实现显示工作簿中所有工作表的名称，这样可以方便检查各个工作表的命名。

**01** 启动 Excel 2010，选择"开发工具"选项卡，在"代码"组中单击 Visual Basic 按钮。

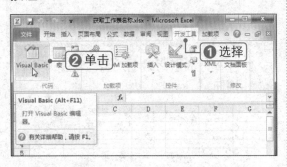

**02** 单击"插入"|"模块"命令，插入一个新模块。

**03** 在新模块中输入代码，单击"保存"按钮，然后单击"关闭"按钮。

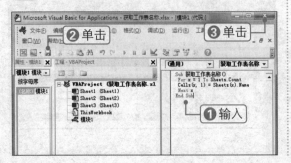

**04** 返回工作表，在"代码"组中单击"宏"按钮。

**05** 弹出"宏"对话框，选择要执行的宏名，单击"执行"按钮。

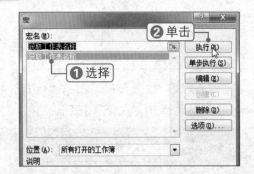

**06** 返回工作表，查看工作簿中的工作表名称，都已经显示在单元格中。

# 204

**难度系数：**
●●○○○

**学习时间：**
8分钟

## 使用VBA属性窗口隐藏工作表

**要点导航：**

　　除了使用常规方法隐藏工作表外，还可以在 VBA 编辑窗口中设置工作表属性来实现。

**01** 选择"开发工具"选项卡，在"代码"组中单击 Visual Basic 按钮。

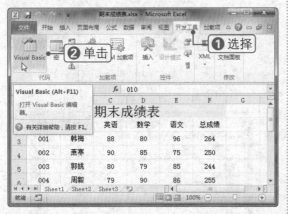

**02** 在"工程"资源管理器中选择 Sheet1 工作表，按【F4】键。

**03** 打开"属性"窗格，设置 Visible 的属性值为 2 - xlSheetVeryHidden，单击"保存"按钮。

**04** 返回工作表查看，Sheet1 工作表已经被隐藏了。

视频文件：光盘：视频文件/第9章/在Excel中播放音乐文件.swf

# 205

**难度系数：**
●●●○○

**学习时间：**
12分钟

## 在Excel中播放音乐文件

**要点导航：**

　　在 Excel 中除了可以进行日常工作外，还可以进行一些娱乐活动，如播放音乐、视频等。

Excel图形和图表操作秘笈　Excel安全设置与内容保护秘笈　Excel协作与共享秘笈　VBA与宏应用秘笈　Excel打印与输出秘笈

**01** 启动 Excel 2010，选择"开发工具"选项卡，在"控件"组中单击"插入"下拉按钮，在弹出的下拉列表中单击"其他控件"按钮。

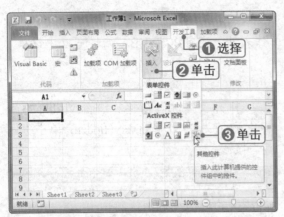

**02** 在弹出的"其他控件"对话框中选择 Windows Media Player 选项，单击"确定"按钮。

**03** 待鼠标指针变为十字形状时，按住鼠标左键并拖曳创建播放器。

**04** 右击播放器控件，在弹出的快捷菜单中选择"属性"命令。

**05** 弹出"属性"对话框，输入音乐文件的路径，单击"关闭"按钮。

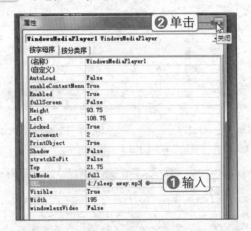

**06** 在"控件"组中单击"设计模式"按钮，即可使用控件播放音乐。

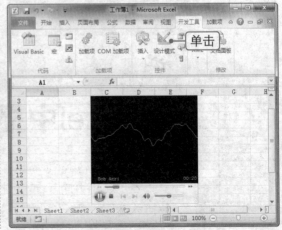

# 206 条形码的设计和制作

**难度系数：**
●●●●●

**学习时间：**
15分钟

**要点导航：**

　　条形码（barcode）是一种用宽窄不同、黑白相间直线条纹的组合来表示数字或字母的特殊号码。通常印在卡片、书籍封面或商品包装物上，用于表示各种证件号、书号或商品号，以便于计算机管理。在 Excel 中，可以用字体和控件来制作条形码。

**01** 启动 Excel 2010，选择"开发工具"选项卡。

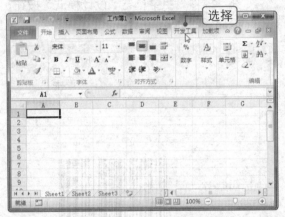

**02** 在"控件"组中单击"插入"下拉按钮，在弹出的列表中单击"其他控件"按钮。

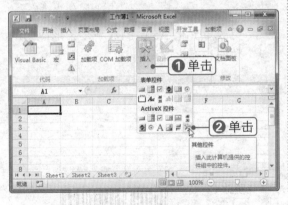

**03** 选择"Microsoft BarCode 控件 14.0"选项，单击"确定"按钮。

**04** 待鼠标指针变为十字形状时，按住鼠标左键并拖曳创建条形码。

---

**专家指点**

**条形码作用**

　　条形码技术是随着计算机与信息技术的发展和应用而诞生的，它是集编码、印刷、识别、数据采集和处理于一身的新型技术。

**05** 在 A5 单元格中输入数据，右击条形码控件，选择"属性"命令。

**06** 设置 LinkedCell 参数为 A5，然后单击"关闭"按钮。

**07** 右击条形码控件，选择"Microsoft BarCode 控件 14.0 对象"|"属性"选项。

**08** 设置条形码样式、子样式等参数，单击"确定"按钮。

**09** 在"控件"组中单击"设计模式"按钮，退出设计状态。

**10** 更改单元格 A5 中的数字，条形码中的数值也随之改变。

# 207

## 组合框的制作

**难度系数:**

**学习时间:**
10分钟

视频文件: 光盘: 视频文件/第9章/组合框的制作.swf

**要点导航:**

组合框的作用是将内容以列表的形式显示出来供用户选择, 由于已经限制, 用户只能从其中选择某一项。

**01** 选择"开发工具"选项卡, 在"控件"组中单击"插入"按钮, 在弹出的列表中单击"组合框"控件按钮。

**02** 在工作表中按下鼠标左键并拖动至合适大小, 然后释放鼠标, 在工作表中即可绘制出组合框控件。

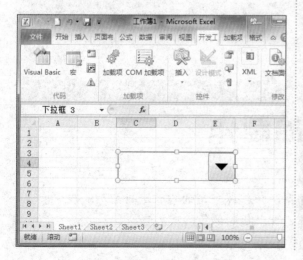

**03** 在 F3 单元格中输入数值 1, 按住【Ctrl】键的同时向下拖动其右下角的填充柄, 填充数据序列。

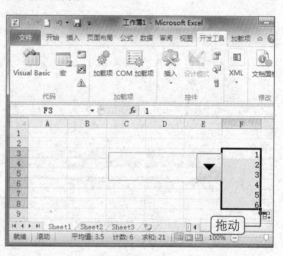

**04** 右击组合框控件, 在弹出的快捷菜单中选择"设置控件格式"命令。

**05** 弹出"设置控件格式"对话框,单击"数据源区域"文本框右侧的折叠按钮📷。

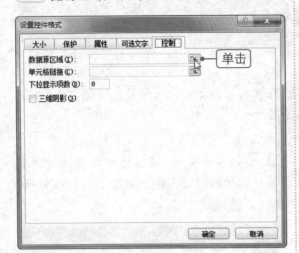

**06** 选择组合框的数据源区域,然后再次单击折叠按钮📷。

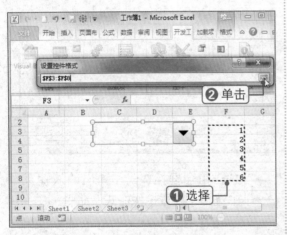

**07** 返回"设置对象格式"对话框,设置单元格链接位置,单击"确定"按钮。

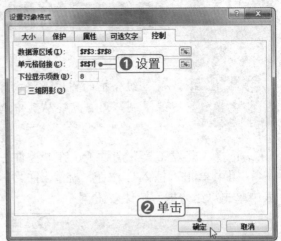

**08** 单击组合框右侧的下拉按钮,将弹出下拉列表,从中可以选择数据。

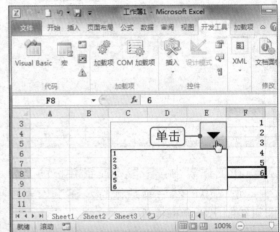

视频文件:光盘:视频文件/第9章/数值调节钮的制作.swf

# 208 数值调节钮的制作

难度系数:

学习时间:
10分钟

**要点导航:**

数值调节钮的作用是将某数值按照一定的步长进行增加或减少。通过单击数值调节钮上的按钮,可以控制数值的增加或减少。

**01** 选择"开发工具"选项卡,在"控件"组中单击"插入"下拉按钮,选择"数值调节钮"控件按钮。

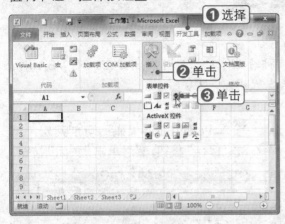

**04** 设置"当前值"为5,"最小值"为5,"最大值"为1000,"步长"为2,单击"单元格链接"右侧的折叠按钮。

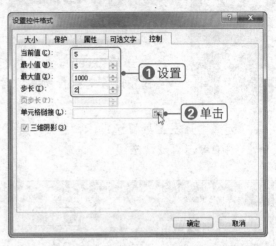

**02** 在工作表中按住鼠标左键并拖动至合适大小,然后释放鼠标,在工作表中即可绘制出数值调节钮控件。

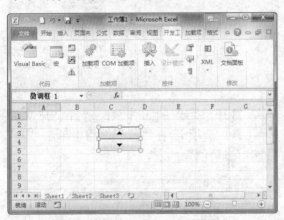

**05** 在工作表中选中E5单元格,再次单击折叠按钮。

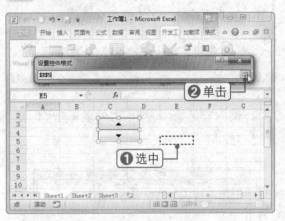

**03** 右击数值调节钮控件,选择"设置控件格式"命令。

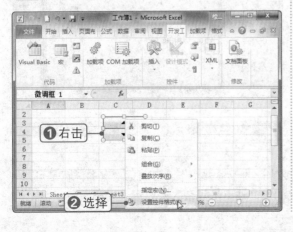

**06** 此时,E5单元格中的数值为5,单击向上按钮,单元格中的数值变为7。

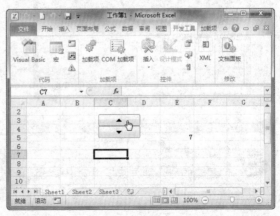

**209**

# 使用VBA创建宏

难度系数：

学习时间：
8分钟

**要点导航：**

当在 Excel 中重复执行相同的操作步骤时可以创建宏，用 VBA 编写程序语言来执行所需操作脚本代码。

01 选择"开发工具"选项卡，在"代码"组中单击"宏"按钮。

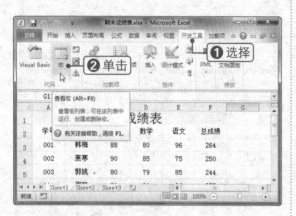

02 输入宏名为"成绩表"，然后单击"创建"按钮。

03 输入 Visual Basic 代码即可创建宏，单击"保存"按钮，然后单击"关闭"按钮。

04 打开启用宏的工作表，选择"开发工具"选项卡，在"代码"组中单击"宏"按钮可查看创建的宏。

---

**专家指点**

**创建宏方法**

创建宏的另一种方法是用宏记录器记录所要执行的一系列操作。自动记录宏的优点是可以让不懂 Visual Basic 语言的用户也可以创建自己的宏，缺点是复杂的宏要记录的操作多。

# 210

**难度系数:**
● ● ● ○ ○

**学习时间:**
8分钟

素材文件:期末成绩表.xlsm　　视频文件:在快速访问工具栏中添加宏按钮.swf

# 在快速访问工具栏中添加宏按钮

**要点导航:**

　　Excel 2010 允许将创建的宏添加到快速访问工具栏中,用户可以通过单击该按钮来运行相应的宏。

**01** 打开"Excel 选项"对话框,在左侧选择"快速访问工具栏"选项,在右侧的命令列表框中选择"宏"命令。

**02** 在"宏"命令下选择要添加的宏,单击"添加"按钮。

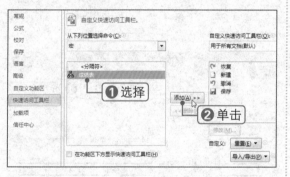

**03** 将宏添加到右侧的列表中,单击"修改"按钮。

**04** 选择宏符号,在"显示名称"文本框中输入宏名称,单击"确定"按钮。

**05** 返回工作表查看,在快速访问工具栏中添加了一个宏按钮。

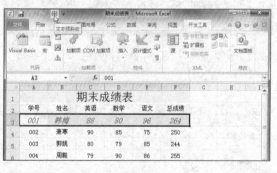

**06** 在快速访问工具栏中单击"宏"按钮,即可运行该宏。

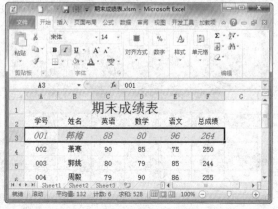

Excel图形和图表操作秘笈　Excel安全设置与内容保护秘笈　Excel协作与共享秘笈　VBA与宏应用秘笈　Excel打印与输出秘笈

219

# 211

## 录制宏

**难度系数：**

**学习时间：**
12分钟

**要点导航：**

在使用 Excel 制作报表时，可以将常用操作录制为宏，当再次进行该操作时，直接执行该宏即可执行所录制的操作。

**01** 选择"开发工具"选项卡，在"代码"组中单击"录制宏"按钮。

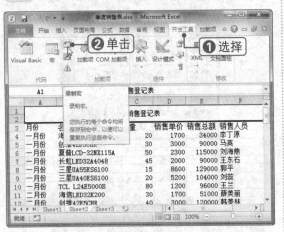

**02** 设置录制新宏的参数，然后单击"确定"按钮。

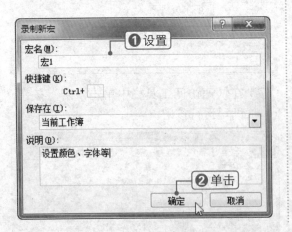

**03** 选择 A3:F3 单元格区域，选择"开始"选项卡，设置字体、字号等格式。

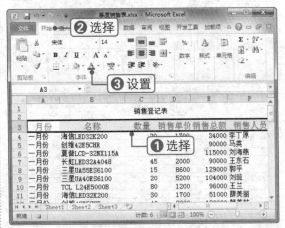

**04** 选择"开发工具"选项卡，在"代码"组中单击"停止录制"按钮。

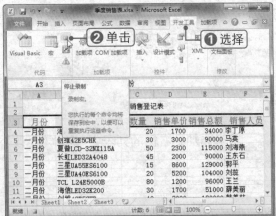

---

**专家指点**

**宏命名**

宏名的第一个字符必须是字母，后面的字符可以是字母、数字或下划线字符。宏名中不能有空格，下划线字符可用作单词的分隔符。

**05** 选择 Sheet1 工作表，选择要应用宏的单元格区域，在"代码"组中单击"宏"按钮。

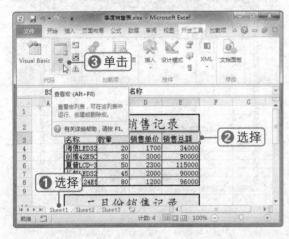

**06** 弹出"宏"对话框，选择要应用的宏，单击"执行"按钮。

**07** 返回工作表，查看在工作表中应用宏后的效果。

素材文件：期末成绩表.xlsx　　　视频文件：指定宏.swf

# 212

## 指定宏

难度系数：

学习时间：
10分钟

**要点导航：**

在创建完一个按钮后，可以为它指定宏，然后就可以通过单击该按钮来执行所指定的宏。

**01** 选择"插入"选项卡，在"插图"组中单击"形状"下拉按钮，在弹出的下拉列表中选择所需的形状。

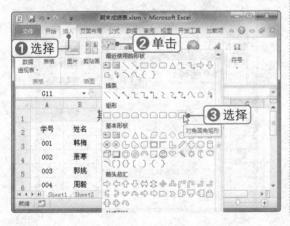

**02** 在工作表中绘制图形并输入文本，在此输入"成绩表"。

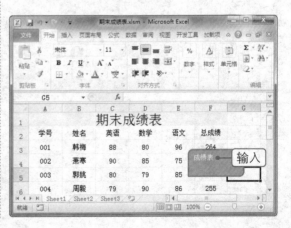

**03** 右击在工作表中绘制的图形，选择"指定宏"命令。

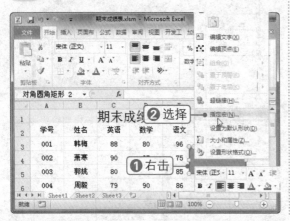

**04** 弹出"指定宏"对话框，选择宏，然后单击"确定"按钮。

---

**专家指点**

**为宏指定快捷键**

在"开发工具"选项卡中单击"宏"按钮，弹出"宏"对话框。选择宏后，单击"选项"按钮，在弹出的对话框中设置快捷键即可。

---

素材文件：期末成绩表.xlsx     视频文件：编辑宏.swf

# 213

# 编辑宏

**难度系数：**

**学习时间：**
10分钟

**要点导航：**

在宏创建完成后，还可以对宏进行编辑，为其增加更多的功能，如添加文字倾斜效果、文本居中等。

**01** 选择"开发工具"选项卡，在"代码"组中单击"宏"按钮。

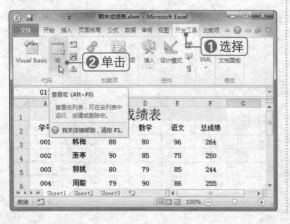

**02** 弹出"宏"对话框，选择要编辑的宏，单击"编辑"按钮。

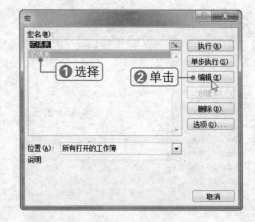

**03** 打开宏编辑窗口，在模块窗格中添加代码。

**04** 单击"文件"菜单，选择"关闭并返回 Microsoft Excel"命令。

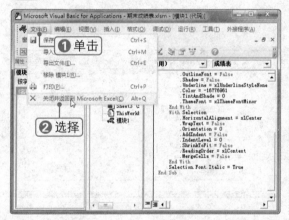

**05** 打开"宏"对话框，选择宏名后单击"执行"按钮。

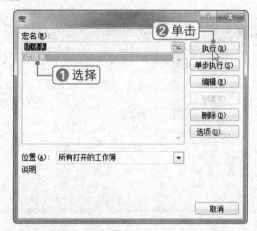

**06** 在工作表中查看效果，应用宏的文字有了倾斜效果。

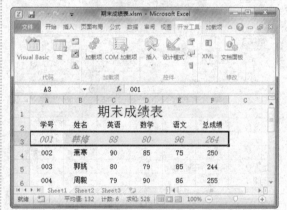

---

**专家指点**

###  查看帮助

在 Visual Basic 编辑器窗口中单击"帮助" | "Microsoft Visual Basic 帮助"命令，或者按【F1】键，即可查看详细的帮助信息。

---

 素材文件：期末成绩表.xlsx　　 视频文件：调试宏.swf

# 214 调试宏

难度系数：

学习时间：
10分钟

**要点导航：**

如果 Excel 中的宏没能准确地完成需要的操作，这时可以逐语句调试宏，从中找出出现错误的地方。

**01** 选择"开发工具"选项卡，在"代码"组中单击"宏"按钮。

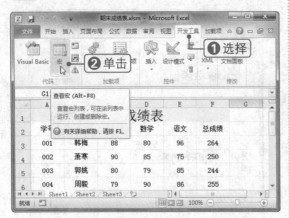

**02** 弹出"宏"对话框，选择要调试的宏，单击"单步执行"按钮。

**03** 打开代码编辑窗口，单击"调试"|"逐语句"命令。

**04** 按【F8】键进行调试，单击"保存"按钮，然后单击"关闭"按钮。

**05** 在弹出的警告信息框中单击"确定"按钮，终止调试器。

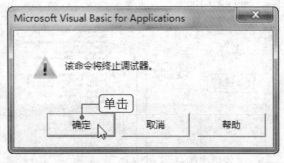

**06** 返回工作表，查看调试后执行宏的效果。

# 215 使用宏代码对工作表实施保护

**难度系数：**

**学习时间：** 15分钟

**要点导航：**

　　在 Excel 中，除了可以使用"保护工作表"按钮实施工作表保护外，还可以使用宏代码对工作表实施保护。

**01** 选择"开发工具"选项卡，在"代码"组中单击 Visual Basic 按钮。

**02** 右击 ThisWorkbook，在弹出的快捷菜单中选择"查看代码"命令。

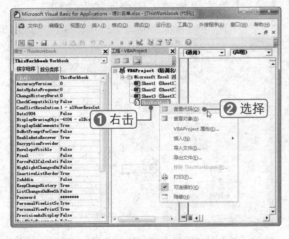

**03** 单击编辑窗口左侧的下拉按钮，选择 Workbook 选项，单击右侧的下拉按钮，选择 Activate 选项。

**04** 在右窗格的代码编辑窗口中输入如下代码。

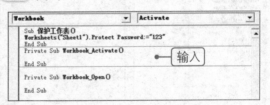

**05** 代码编辑完成后，在工具栏中单击"保存"按钮。

**06** 选择存放位置和保存类型,单击"保存"按钮。

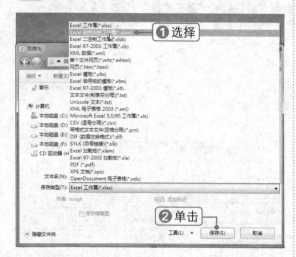

**07** 返回代码编辑窗口,单击窗口右上角的"关闭"按钮。

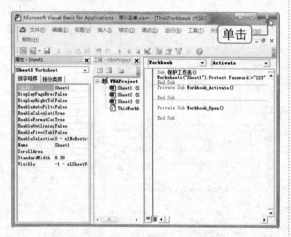

**08** 返回工作表,在"代码"组中单击"宏"按钮。

**09** 选择要应用的宏名称,然后单击"执行"按钮。

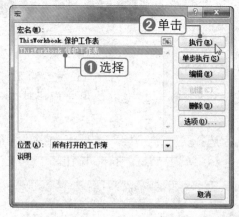

**10** 选中 D3 单元格,删除单元格内容,弹出提示信息框,单击"确定"按钮。

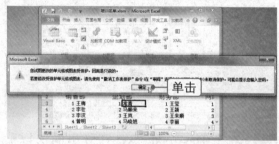

**11** 选择"审阅"选项卡,在"更改"组中单击"撤销工作表保护"按钮。

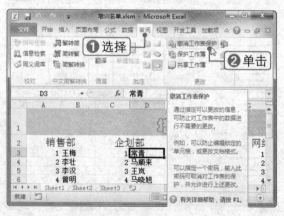

**12** 输入撤销工作表保护时的密码,单击"确定"按钮。

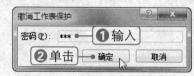

# 216

**难度系数:**
●●●○○

**学习时间:**
10分钟

**素材文件：期末成绩表.xlsx**　　　　**视频文件：在宏中添加数字签名.swf**

# 在宏中添加数字签名

**要点导航:**

在实际工作中，工作人员制作好 Excel 工作簿后，常常需要将这份工作簿文件通过各种方式上报给领导审查。在上报过程中，若希望保持工作表数据的完整性和原始性，此时就可以为其添加数字签名。

**01** 选择"开发工具"选项卡，在"代码"组中单击 Visual Basic 按钮。

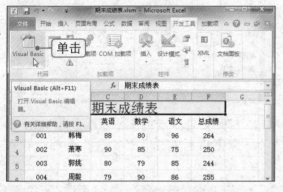

**02** 打开代码编辑窗口，单击"工具" | "数值签名"命令。

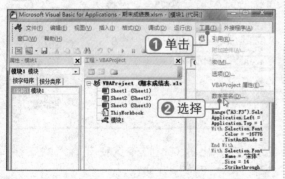

**03** 弹出"数字签名"对话框,单击"选择"按钮。

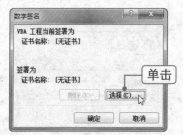

**04** 弹出"Windows 安全"对话框，单击"确定"按钮。

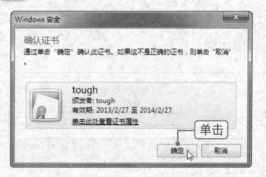

**05** 返回"数字签名"对话框,单击"确定"按钮。

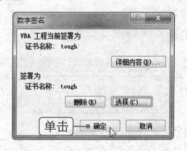

**06** 单击"保存"按钮，然后单击"关闭"按钮，即可返回工作表。

素材文件：季度销售表.xlsx　　视频文件：导入/导出宏.swf

# 217 导入/导出宏

难度系数：

学习时间：
8分钟

**要点导航：**

对于工作簿中已经存在的宏，可以将其导出，再导入到需要的工作表中，这样就不需要重复录制宏了。

**01** 选择"开发工具"选项卡，在"代码"组中单击 Visual Basic 按钮。

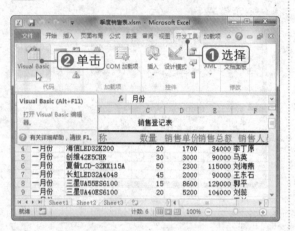

**02** 右击宏代码模块，在弹出的快捷菜单中选择"导出文件"命令。

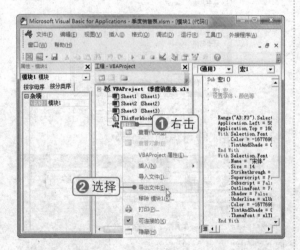

**03** 设置保存名称和保存类型，单击"保存"按钮。

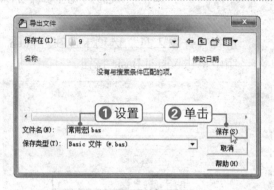

**04** 打开要导入宏的工作簿，进入 VBA 编辑窗口后右击目标文件，选择"导入文件"命令。

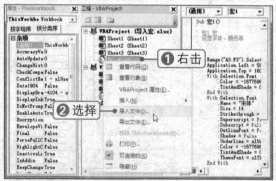

**05** 在弹出的对话框中选择要导入的文件，单击"打开"按钮。

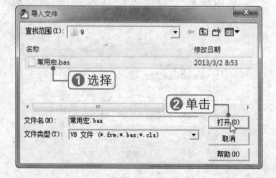

工作表中插入了新模块，显示导入的
宏代码，单击"关闭"按钮返回工作表。

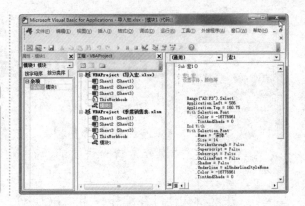

**专家指点**

### 设置安全级别

为了防止运行有潜在危险的代码，建
议在使用完宏之后恢复任一禁用所有宏的
设置。

素材文件：培训名单.xlsm　　　　视频文件：禁止其他用户编辑宏代码.swf

# 218

难度系数：

**● ●** ○ ○ ○

学习时间：
8分钟

# 禁止其他用户编辑宏代码

**要点导航：**

为了保护创建好的宏，可以对宏代码进行加密保护，从而避免其他
用户对宏代码进行编辑。

01 选择"开发工具"选项卡，在"代码"
组中单击 Visual Basic 按钮。

02 单击"工具"菜单，选择"VBAProject
属性"命令。

03 选择"保护"选项卡，设置密码，单击
"确定"按钮。

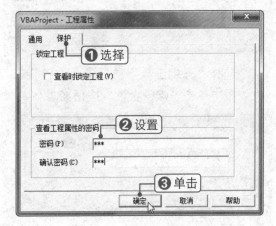

04 再次单击"VBAProject 属性"命令，
将弹出密码保护对话框。

密码(P)

[              ]        确定

取消

Excel图形和图表操作秘笈　Excel安全设置与内容保护秘笈　Excel协作与共享秘笈　VBA与宏应用秘笈　Excel打印与输出秘笈

229

素材文件：培训名单.xlsm　　　视频文件：更改宏的安全设置.swf

# 219

**更改宏的安全设置**

难度系数：

学习时间：
10分钟

**要点导航：**

宏的安全设置控制了宏是否可以执行，通过更改宏的安全设置，可以禁止或者允许宏的执行。

**01** 打开素材文件，在编辑栏上方出现安全警告，提示宏已经被禁用。

**02** 选择"开发工具"选项卡，在"代码"组中单击"宏安全性"按钮。

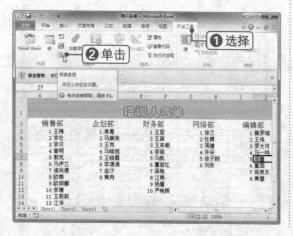

**03** 弹出"信任中心"对话框，在左侧选择"宏设置"选项，在右侧选中"启用所有宏"单选按钮，单击"确定"按钮。

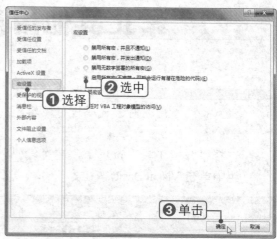

**04** 单击"关闭"按钮，关闭素材文件后重新打开此文件，不再提示安全警告。

精彩无限，从这里开始……

# 第10章

# Excel打印与输出秘笈

　　打印工作表是指将设置好页面格式的工作表打印到纸上，可以打印选择的数据、工作表或单元格网格线等。同时，Excel 与 Office 的其他组件之间可以非常方便地协同处理数据，可以根据需要将 Excel 工作表以不同的方式进行输出。

素材文件：培训名单.xlsx

视频文件：设置草稿和单色方式打印.swf

# 220

**难度系数：**
● ● ○ ○ ○

**学习时间：**
8分钟

# 设置草稿和单色方式打印

**要点导航：**

在以草稿方式打印工作表时，将忽略格式和大部分的图形，这样可以提高工作表的打印速度。

**01** 打开需要打印的工作表，切换至"文件"选项卡，在左侧选择"打印"选项，在右侧查看打印预览效果。

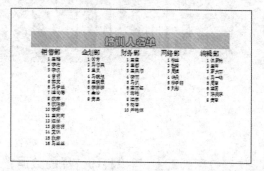

**02** 选择"页面布局"选项卡，在"页面设置"组中单击扩展按钮。

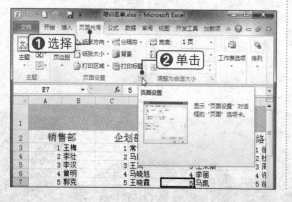

**03** 选择"工作表"选项卡，选中"单色打印"和"草稿品质"复选框，单击"打印预览"按钮。

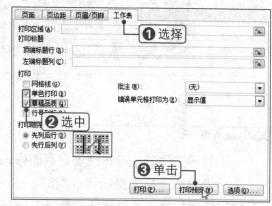

**04** 查看打印预览效果，工作表中没有了色彩。

素材文件：培训名单.xlsx　　　视频文件：设置打印页面.swf

# 221

**难度系数：**
● ● ● ○ ○

**学习时间：**
10分钟

# 设置打印页面

**要点导航：**

在打印工作表时，可以在"页面设置"组中设置打印方向、缩放比例和纸张大小等。

**01** 切换至"文件"选项卡，选择"打印"选项，查看打印预览效果。

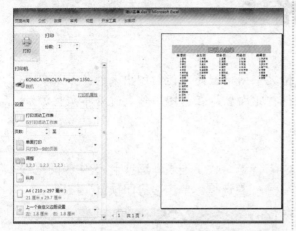

**02** 选择"页面布局"选项卡，在"页面设置"组中单击扩展按钮。

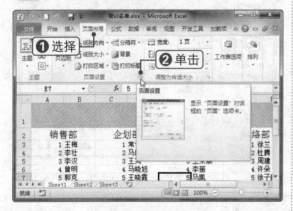

**03** 在"页面"选项卡中设置打印方向、缩放比例、纸张大小等参数，单击"打印预览"按钮。

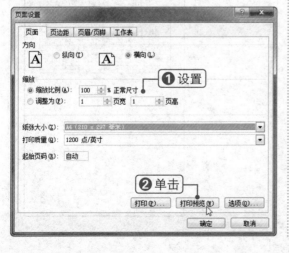

**04** 查看打印预览效果，打印方向由纵向变为横向。

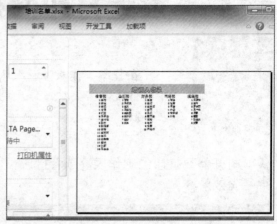

**05** 选择"页边距"选项卡，设置页边距大小，单击"打印预览"按钮。

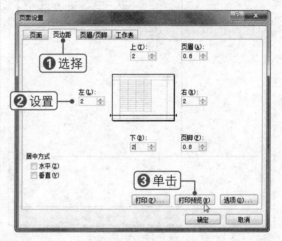

**06** 查看打印预览效果，打印页面的页边距发生变化。

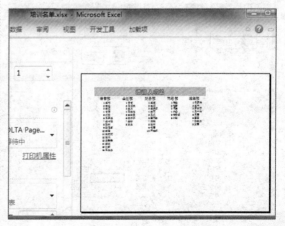

素材文件：培训名单.xlsx　　　视频文件：设置打印网格线.swf

# 222

**难度系数：**

**学习时间：**
8分钟

# 设置打印网格线

**要点导航：**

在打印工作表时，默认情况下网格线是不能打印出来的。如果要打印网格线，需要对工作表进行打印设置，在打印工作表时给单元格添加网格线。

**01** 打开需要打印的工作表，查看打印预览效果。

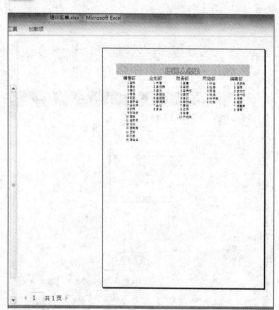

**02** 选择"页面布局"选项卡，在"页面设置"组中单击扩展按钮 。

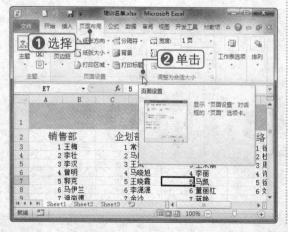

**03** 选择"工作表"选项卡，选中"网格线"复选框，单击"打印预览"按钮。

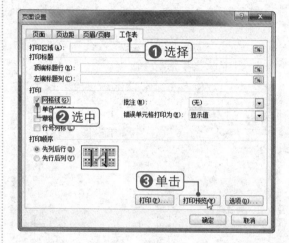

**04** 查看打印预览效果，工作表中显示出网格线。

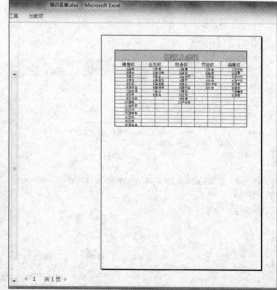

# 223

## 设置打印行号与列标

**难度系数：**
●●○○○

**学习时间：**
8分钟

**要点导航：**

在打印工作表时，工作表的行号和列标是不会被打印出来的。通过在页面设置中进行打印设置，可以将行号和列标都打印出来。

**01** 打开需要打印的工作表，查看打印预览效果。

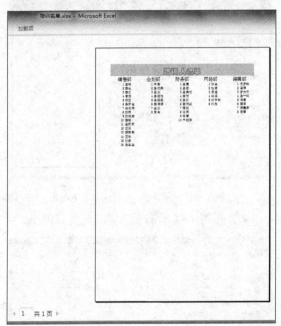

**02** 选择"页面布局"选项卡，在"页面设置"组中单击扩展按钮。

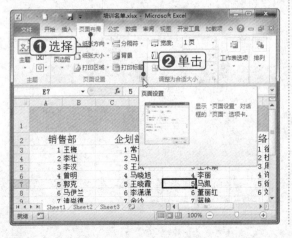

**03** 选择"工作表"选项卡，选中"行号列标"复选框，单击"打印预览"按钮。

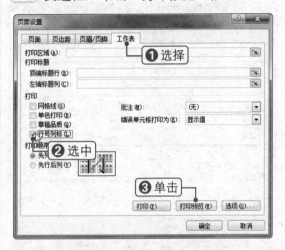

**04** 查看预览效果，工作表中显示出行号与列标。

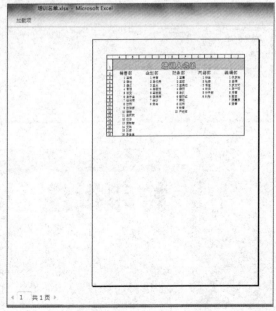

# 224

 素材文件：箱包销售表.xlsx　　 视频文件：打印部分工作表.swf

## 打印部分工作表

**要点导航：**

在打印多个工作表时，逐个打印会比较麻烦，可以设置打印整个工作簿，也可以设置打印工作簿中的部分工作表。

**01** 按住【Ctrl】键，选择要打印的多个工作表标签。

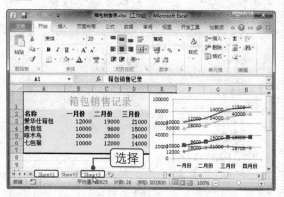

**02** 选择"文件"选项卡，选择"打印"选项。

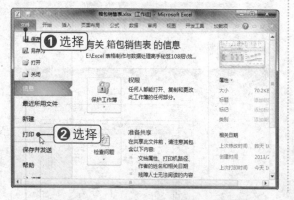

**03** 设置打印范围为"打印活动工作表"，单击"打印"按钮，即可打印所选工作表。

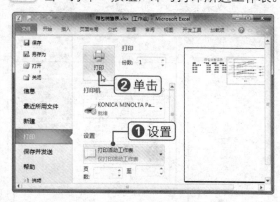

**04** 选择"打印整个工作簿"选项，会将工作簿中的所有工作表全部打印出来。

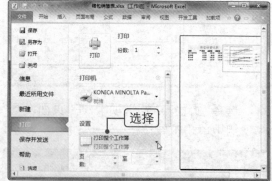

# 225

 素材文件：期末成绩表.xlsx　　 视频文件：打印批注.swf

## 打印批注

**要点导航：**

在打印工作表时，默认批注是不能打印出来的。可以在"页面设置"里进行打印设置，将批注打印在工作表末尾或原位置。

**01** 选择"文件"选项卡,然后选择"打印"选项。

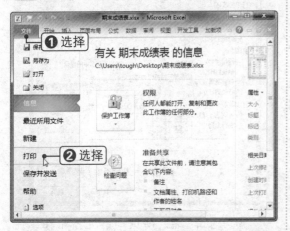

**02** 查看打印预览效果,此时打印将不会打印批注。

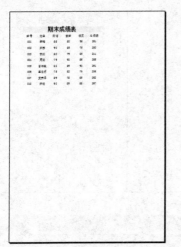

**03** 选择"页面布局"选项卡,在"页面设置"组中单击扩展按钮 。

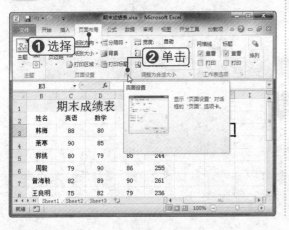

**04** 选择"工作表"选项卡,在"批注"下拉列表中选择"工作表末尾"选项,单击"打印预览"按钮。

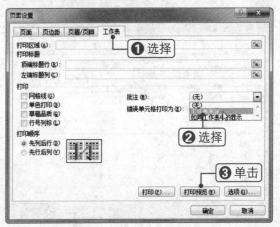

**05** 查看打印预览效果,单击"下一页"按钮,批注在工作表末尾显示。

**06** 右击包含批注的单元格,选择"显示/隐藏批注"命令。

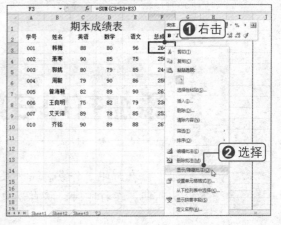

**07** 此时批注显示出来，要想隐藏批注，右击单元格，选择"隐藏批注"命令则。

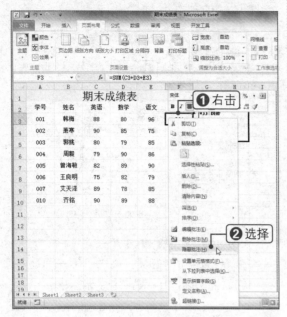

**08** 在"页面设置"对话框中设置批注"如同工作表中的显示"，然后单击"打印预览"按钮。

**09** 查看打印预览效果，批注在工作表中显示出来。

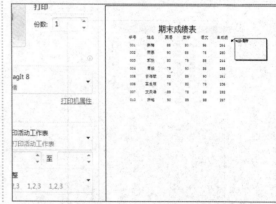

---

**专家指点**

 调整批注框大小

根据需要可以移动任何重叠的批注，并调整其大小。在"审阅"选项卡下设置"显示所有批注"，然后调整批注框的大小和位置即可。

---

 素材文件：期末成绩表.xlsx　　视频文件：添加打印日期.swf

# 226 添加打印日期

难度系数：

学习时间：
10分钟

**要点导航：**

在打印工作表时，如果要打印日期，可以设置在页眉、页脚处添加日期。在打印时，将自动更新为打印的日期。

01 选择"页面布局"选项卡,在"页面设置"组中单击扩展按钮。

02 选择"页眉/页脚"选项卡,单击"自定义页眉"按钮。

03 弹出"页眉"对话框,单击"插入日期"按钮,然后单击"确定"按钮。

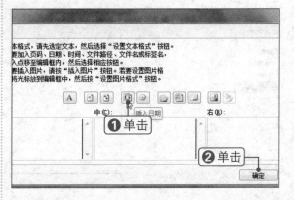

04 查看工作表打印预览效果,日期在页眉位置显示出来。

 素材文件:电脑销售表.xlsx　　视频文件:使用页眉页脚添加Logo.swf

# 227

**难度系数:**

**学习时间:**
12分钟

# 使用页眉页脚添加Logo

**要点导航:**

　　在打印报表时,有时需要添加公司的 Logo 标志,可以通过打印设置在报表的页眉位置添加 Logo 标志。

**01** 进入打印页面预览，查看预览效果，页眉处没有 Logo 标志。

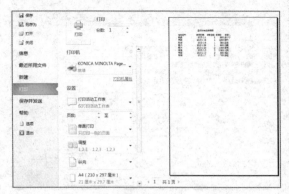

**02** 选择"页面布局"选项卡，在"页面设置"组中单击扩展按钮。

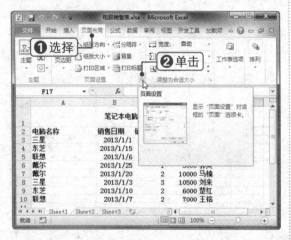

**03** 选择"页眉 / 页脚"选项卡，单击"自定义页眉"按钮。

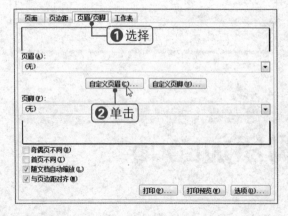

**04** 弹出"页眉"对话框，单击"插入图片"按钮。

**05** 弹出"插入图片"对话框，选择要插入的图片，单击"插入"按钮。

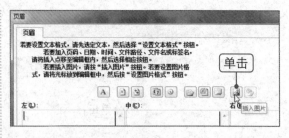

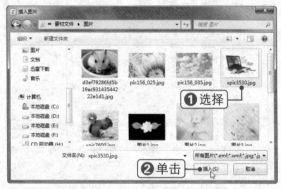

**06** 返回"页眉"对话框，单击"设置图片格式"按钮。

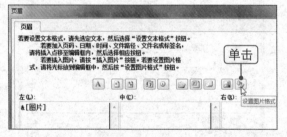

**07** 弹出"设置图片格式"对话框，设置图片大小，单击"确定"按钮。

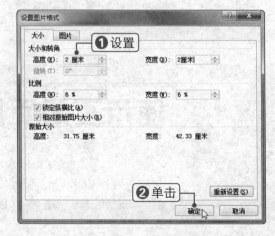

**08** 返回"页面设置"对话框，单击"打印预览"按钮。

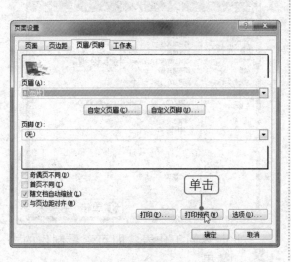

**09** 查看打印预览效果，工作表页眉处添加了 Logo 图片。

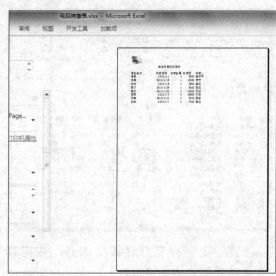

素材文件：季度销售表.xlsx　　　视频文件：使用艺术字添加水印效果.swf

# 228

难度系数：

学习时间：
10分钟

# 使用艺术字添加水印效果

**要点导航：**

　　在 Excel 2010 中，使用艺术字也可以制作出水印效果，而且可以利用艺术字的强大功能来美化水印效果。

**01** 选择"插入"选项卡，在"文本"组中单击"艺术字"下拉按钮。

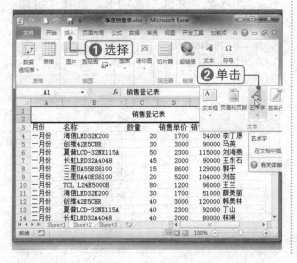

**02** 在弹出的下拉列表中选择所需的艺术字样式，在此选择"渐变填充 - 橙色，强调文字颜色 6，内部阴影"样式。

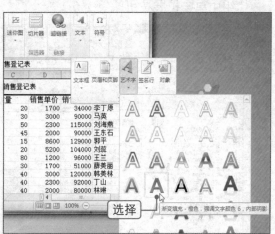

**03** 在艺术字文本框中输入文字，在此输入"月销售登记表"。

**04** 拖动上方控制点旋转文本框，并将其调整到合适的位置。

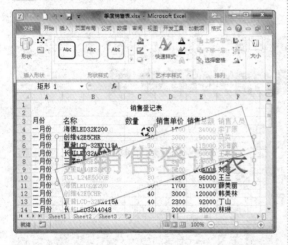

**05** 选择"格式"选项卡，在"艺术字样式"组中单击扩展按钮。

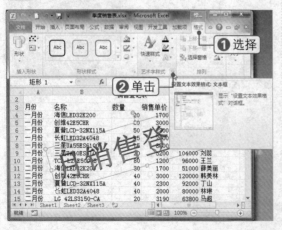

**06** 在左侧选择"文本填充"选项，在右侧设置文本填充效果，单击"关闭"按钮。

**07** 此时返回工作表，即可查看制作的水印效果。

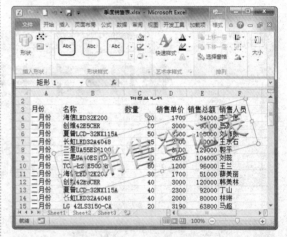

**08** 切换至"文件"选项卡，选择"打印"选项，查看打印预览效果。

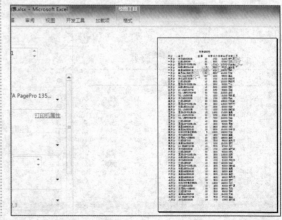

229

难度系数：●●●○○

学习时间：10分钟

素材文件：光盘：素材文件/第10章/电脑销售表.xlsx

视频文件：光盘：视频文件/第10章/套用内置的页眉/页脚样式.swf

# 套用内置的页眉/页脚样式

要点导航：

在 Excel 2010 中内置了许多预设的页眉 / 页脚样式，在添加页眉 / 页脚时可以直接套用这些样式。

**01** 选择"页面布局"选项卡，在"页面设置"组中单击扩展按钮。

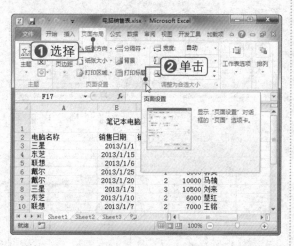

**02** 选择"页眉 / 页脚"选项卡，在"页脚"下拉列表中选择页脚样式，单击"打印预览"按钮。

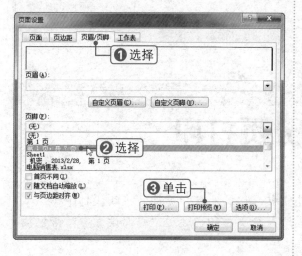

**03** 查看打印预览效果，页脚处显示出设置的页脚样式。

---

**专家指点**

🖩 **删除页眉/页脚**

在工作表中添加了页眉 / 页脚后，如果想将其删除，方法如下：打开"页面设置"对话框，选择"页眉 / 页脚"选项卡，单击"页眉"或"页脚"下拉按钮，选择"无"选项，单击"确定"按钮即可。

# 230

难度系数：
●●●○○

学习时间：
8分钟

# 缩放打印工作表

**要点导航：**

当 Excel 表格过大不能打印在一张纸上时，可以进行设置使其缩放打印到一张纸上。

**01** 选择"文件"选项卡，选择"打印"选项，打印预览工作表的 2 页内容。

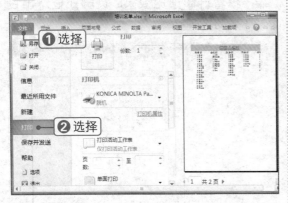

**02** 单击"无缩放"下拉按钮，选择"将工作表调整为一页"选项。

**03** 查看打印预览效果，此时将 2 页内容调整为一页打印。

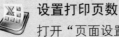
**专家指点**

**设置打印页数**

打开"页面设置"对话框，选择"页面"选项卡，在"缩放"选项区中也可以设置打印缩放。

# 231

难度系数：
●●●○○

学习时间：
10分钟

# 在指定位置分页打印

**要点导航：**

在打印 Excel 表格的过程中，如果没有分页符，将默认打印整个工作表。有时需要在指定位置进行分页打印，通过"页面设置"对话框插入分页符即可。

**01** 选择"文件"选项卡，选择"打印"选项，查看打印预览效果，工作表内容显示在一页中。

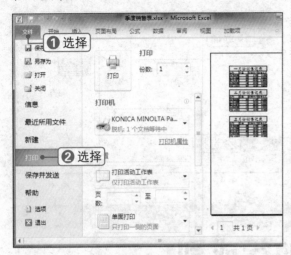

**02** 选择"开始"选项卡，选中要插入分页符的单元格，在此选中 F17 单元格。

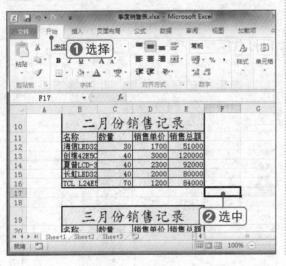

**03** 选择"页面布局"选项卡，在"页面设置"组中单击"分隔符"下拉按钮，选择"插入分页符"选项。

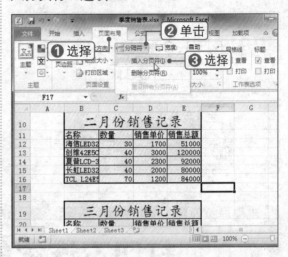

**04** 查看打印预览效果，在插入分页符的位置进行了分页。

素材文件：季度销售表.xlsx　　视频文件：打印工作表中的指定区域.swf

## 232 打印工作表中的指定区域

难度系数：

学习时间：
6分钟

**要点导航：**

　　在 Excel 中可以设置只打印工作表中的指定区域，不打印多余的部分。在"页面设置"组中设置打印区域，即可选定打印范围。

01 选择 B2:E8 单元格区域，选择"页面布局"选项卡，在"页面设置"组中单击"打印区域"按钮，选择"设置打印区域"选项。

02 选择"文件"选项卡，选择"打印"选项，查看预览效果。

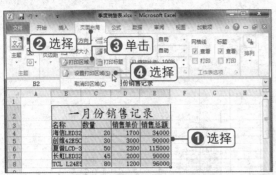 

---

## 233 打印不连续的行或列

素材文件：季度销售表.xlsx　　视频文件：打印不连续的行或列.swf

难度系数：

学习时间：
8分钟

**要点导航：**

如果要打印的记录是不连续的行或列，这时可以通过设置将不需要的行或列隐藏起来，只打印显示的内容。

01 选中不需要打印的列（或行）并右击，选择"隐藏"命令。

02 查看打印预览效果，此时将不再打印隐藏的列（或行）。

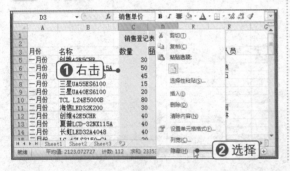 

---

## 234 每页都打印出标题行和标题列

素材文件：光盘：素材文件/第10章/季度销售表.xlsx

难度系数：

学习时间：
12分钟

**要点导航：**

在打印多页的工作表时，只有第一页含有标题行和标题列，这样不方便查看。此时，可以设置在每页中都打印出标题行和标题列。

**01** 查看打印预览，只有第一页有行标题，其他页都没有行标题。

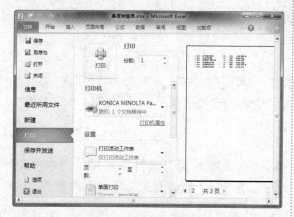

**02** 选择"页面布局"选项卡，在"页面设置"组中单击扩展按钮。

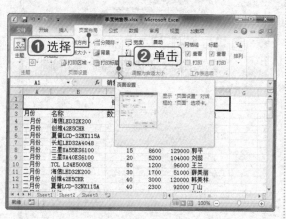

**03** 选择"工作表"选项卡，单击"顶端标题行"右侧的折叠按钮。

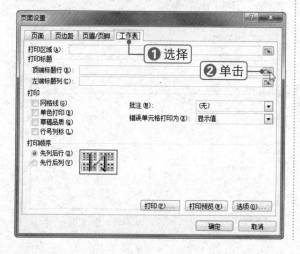

**04** 在工作表中选择要作为标题的行，再次单击折叠按钮。

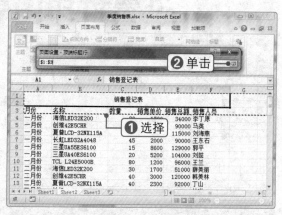

**05** 返回"页面设置"对话框，单击"打印预览"按钮。

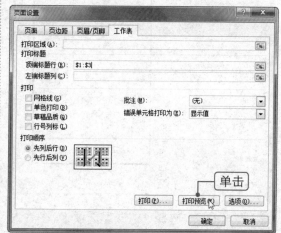

**06** 查看打印预览效果，在各页中都显示出标题行。

素材文件：箱包销售表.xlsx　　 视频文件：设置打印图表.swf

# 235

## 设置打印图表

**难度系数：**

**学习时间：**
10分钟

**要点导航：**

　　在打印含有图表的工作表时，如果不想打印出图表或只想打印出图表，可以在"设置图表区格式"对话框中进行设置，还可以通过设置图表的可见性来确定是否打印。

**01** 打开素材文件，查看打印预览，表格和图表都将被打印出来。

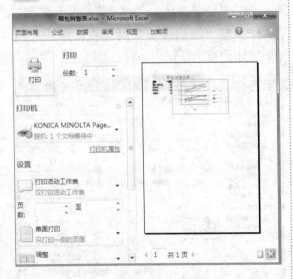

**02** 选中图表，选择"格式"选项卡，在"大小"组中单击扩展按钮。

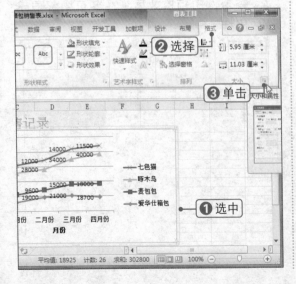

**03** 在左侧选择"属性"选项，在右侧取消选择"打印对象"复选框，单击"关闭"按钮。

**04** 返回工作表，查看打印预览，此时将不再打印图表。

**05** 在"设置图表区格式"对话框中选中"打印对象"复选框，将恢复图表的打印。

**06** 选中图表，查看打印预览，此时将只打印图表。

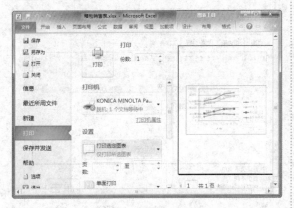

**07** 选择"页面布局"选项卡，在"排列"组中单击"选择窗格"按钮。

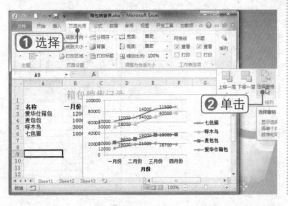

**08** 在"选择和可见性"窗格中单击图表右侧的可见性按钮。

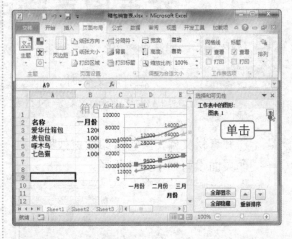

**09** 查看打印预览效果，此时将不再打印图表。

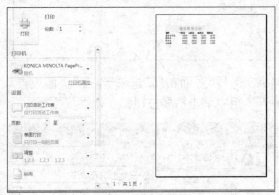

**10** 在"选择和可见性"窗格中再次单击可见性按钮，图表再次显示出来。

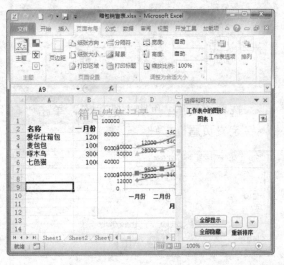

# 236

**难度系数：**
●●●●○

**学习时间：**
12分钟

素材文件：培训名单.xlsx
视频文件：在页眉页脚中添加文件路径.swf

# 在页眉页脚中添加文件路径

**要点导航：**

在打印文件时，可以在页眉页脚中添加文件路径信息，这样用户就可以清楚地知道文件的存放位置。

**01** 打开素材文件，查看打印预览效果，打印页面没有显示文件路径。

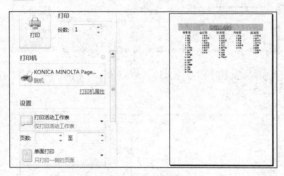

**02** 选择"页面布局"选项卡，在"页面设置"组中单击扩展按钮。

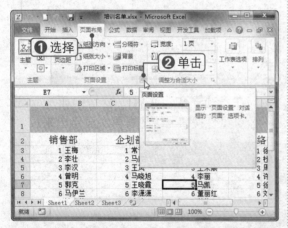

**03** 选择"页眉/页脚"选项卡，单击"自定义页眉"按钮。

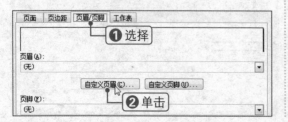

**04** 单击"插入文件路径"按钮，单击"确定"按钮。

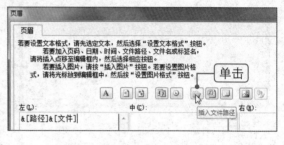

**05** 此时"页眉"文本框中添加了文件路径，单击"打印预览"按钮。

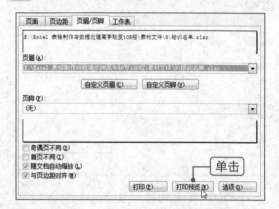

**06** 查看打印预览效果，在页眉上添加了文件路径。

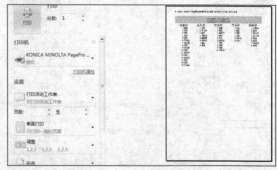

# 237

**难度系数：**

**学习时间：**
15分钟

## 将Excel图表输出到Word中

**要点导航：**

　　Word 和 Excel 在很多操作中都有通用的地方。将 Excel 图表输出到 Word 中，实际上是在 Word 文档中链接了 Excel 图表。

**01** 启动 Microsoft Word，选择"插入"选项卡，在"文本"组中单击"插入对象"按钮。

**02** 在"对象类型"列表框中选择"Microsoft Excel 图表"选项，单击"确定"按钮。

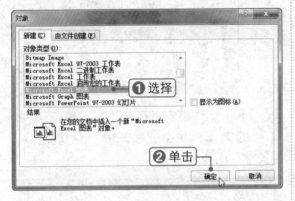

**03** 在 Word 文档中插入 Excel 图表，单击 Sheet1 工作表标签。

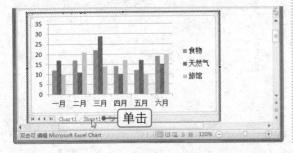

**04** 编辑工作表数据，编辑完成后单击 Sheet1 工作表标签。

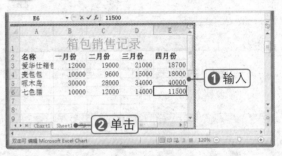

**05** 单击文档中的空白位置，完成图表的插入操作。

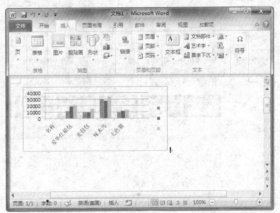

**06** 双击图表，这时图表即可处于编辑状态。

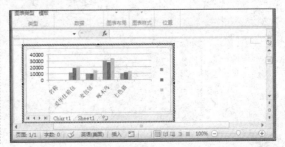

**07** 选择"设计"选项卡，在"图表样式"组中单击"其他"按钮。

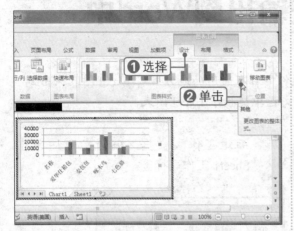

**08** 在弹出的列表中根据需要选择所需的图表样式。

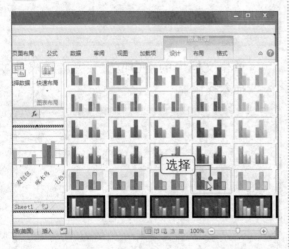

**09** 在"设计"选项卡下"图表布局"组中单击"其他"按钮。

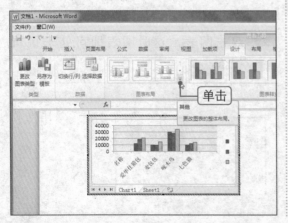

**10** 在弹出的列表中选择所需的布局样式，在此选择"布局6"。

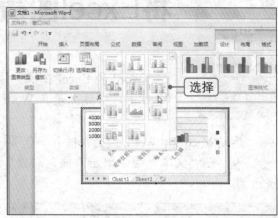

**11** 单击图表标题，输入图表名称，在此输入"销售统计"。

**12** 单击文档的空白位置，退出编辑状态，即可实现 Excel 图表输出到 Word 中，并美化了图表。

# 238

难度系数：

学习时间：
10分钟

# 将Excel表格输出到Word中

**要点导航：**

可以在 Word 文档中插入 Excel 电子表格，它是作为一个对象进行插入的。在进行编辑时使用 Excel 程序，在 Word 中只能对其大小进行调整。

**01** 在 Word 编辑窗口中选择"插入"选项卡，单击"表格"下拉按钮，选择"Excel电子表格"选项。

**02** 在文档中插入 Excel 表格，此时表格处于可编辑状态。

**03** 在单元格中输入所需的数据，选择第 1 行中的字段，在"开始"选项卡下"字体"组中设置字体格式。

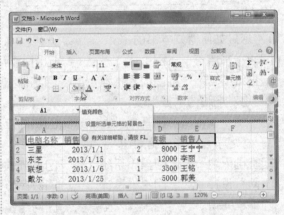

**04** 表格编辑完成后，单击 Word 编辑窗口的空白位置确认即可。

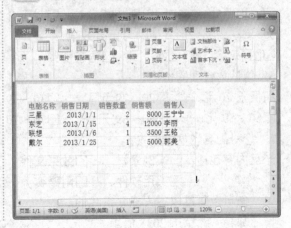

# 读者服务卡

亲爱的读者：

衷心感谢您购买和阅读了我们的图书，为了给您提供更好的服务，帮助我们改进和完善图书出版，请您抽出宝贵时间填写本表，十分感谢。

## 读者资料

姓名：＿＿＿＿＿＿＿性别：□男 □女　　年龄：＿＿＿＿文化程度＿＿＿＿＿

职业：＿＿＿＿＿＿＿电话：＿＿＿＿＿＿＿＿电子信箱：＿＿＿＿＿＿＿＿＿

通信地址：＿＿＿＿＿＿＿＿＿＿＿＿＿＿邮编：＿＿＿＿＿＿＿＿＿＿

## 调查信息

1. 您是如何得知本书的：

□网上书店　　　□书店　　　　□图书网站　　　□网上搜索
□报纸/杂志　　　□他人推荐　　□其他

2. 您对电脑的掌握程度：

□不懂　　　　　□基本掌握　　　□熟练应用　　　□专业水平

3. 您想学习哪些电脑知识：

□基础入门　　　□操作系统　　　□办公软件　　　□图像设计
□网页设计　　　□三维设计　　　□数码照片　　　□视频处理
□编程知识　　　□黑客安全　　　□网络技术　　　□硬件维修

4. 您决定购买本书有哪些因素：

□书名　　　　　□作者　　　　　□出版社　　　　□定价
□封面版式　　　□印刷装帧　　　□封面介绍　　　□书店宣传

5. 您认为哪些形式使学习更有效果：

□图书　　　□上网　　　□语音视频　　　□多媒体光盘　　　□培训班

6. 您认为合理的价格：

□低于 20 元　　□20～29 元　　□30～39 元　　□40～49 元
□50～59 元　　□60～69 元　　□70～79 元　　□80～100 元

7. 您对配套光盘的建议：

光盘内容包括：□实例素材　　□效果文件　□视频教学　□多媒体教学
　　　　　　　　□实用软件　　□附赠资源　□无需配盘

您可以通过以下方式联系我们。

邮箱：北京市 2038 信箱　　　　　　邮编：100026
网址：http://www.china-ebooks.com　　电话：010-80127216
E-mail：joybooks@163.com　　　　　传真：010-81789962

# 精品图书 推荐阅读

　　"善于工作讲方法，提高效率有捷径。"办公教程可以帮助人们提高工作效率，节约学习时间，提高自己的竞争力。

　　以下图书内容全面，功能完备，案例丰富，帮助读者步步精通，读者学习后可以融会贯通、举一反三，致力于让读者在最短时间内掌握最有用的技能，成为办公方面的行家！

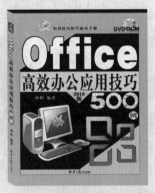

（本系列丛书在各地新华书店、书城及淘宝、天猫、京东商城均有销售）

# 精品图书 推荐阅读

　　叶圣陶说过："培育能力的事必须继续不断地去做，又必须随时改善学习方法，提高学习效率，才会成功。"北京日报出版社出版的本系列丛书就是一套致力于提高职场人员工作效率的图书。本套图书涉及到图像处理与绘图、办公自动化及电脑维修等多个方面，适合于设计人员、行政管理人员、文秘等多个职业人员使用。

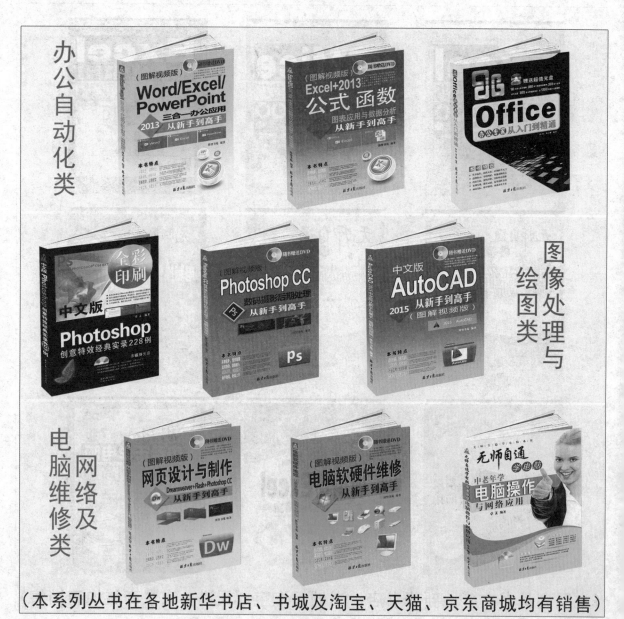

（本系列丛书在各地新华书店、书城及淘宝、天猫、京东商城均有销售）